아이스크림 대결

② 요리스타 청

요리스타 청 ❷

1판 1쇄 발행 | 2013. 12. 30.
1판 9쇄 발행 | 2023. 12. 5.

조재호 글 | 은하수 그림 | 요리조리스쿨 기획 | 정혜정 요리 감수

발행처 김영사 | 발행인 고세규
디자인 김민혜
등록번호 제 406-2003-036호 | 등록일자 1979. 5. 17.
주소 경기도 파주시 문발로 197(우-10881)
전화 마케팅부 031-955-3100 | 편집부 031-955-3113~20 | 팩스 031-955-3111

값은 표지에 있습니다.
ISBN 978-89-349-6528-2   17590
ISBN 978-89-349-6526-8   (세트)

좋은 독자가 좋은 책을 만듭니다. 김영사는 독자 여러분의 의견에 항상 귀 기울이고 있습니다.
전자우편 book@gimmyoung.com | 홈페이지 www.gimmyoungjr.com

어린이제품 안전특별법에 의한 표시사항
제품명 도서 제조년월일 2023년 12월 5일 제조사명 김영사 주소 10881 경기도 파주시 문발로 197
전화번호 031-955-3100 제조국명 대한민국 ⚠주의 책 모서리에 찍히거나 책장에 베이지 않게 조심하세요.

2 아이스크림 대결

요리스타 청

조재호 글 | 은하수 그림
요리조리스쿨 기획 | 정혜정 요리 감수

주니어김영사

신나고 바른 식문화를 위해

안녕하세요, 독자 여러분? 《요리스타 청》의 스토리를 맡고 있는 만화가 조재호와 그림을 그리고 있는 만화가 은하수입니다.

저희는 함께 만화를 그리고 있는 동료인 동시에 두 아이를 키우고 있는 부부이기도 합니다. 저희 아이들도 《요리스타 청》을 보고 있는 여러분과 비슷한 또래들이에요. 아이들을 키우면서 가장 신경 쓰이는 것 중 하나가 바로 음식입니다. 음식은 아이들의 건강과 성장에 직결되는 문제인 데다가 최근 유전자 조작 식품이다, 방사능 해산물이다 해서 식재료에 대한 흉흉한 이야기들이 워낙 많다 보니 부모로서 자연스레 관심이 갈 수밖에 없지요. 되도록이면 믿을 수 있는 재료를 직접 골라 집에서 제대로 만든 음식만 먹이고 싶지만 그게 생각처럼 쉬운 일은 아닙니다. 각종 패스트푸드와 인스턴트식품들의 광고를 보고 있노라면 어른들도 그 달콤한 유혹을 이겨 내기 힘든데 아이들은 오죽하겠어요? 그래서 저희는 음식에 대해 본격적으로 알아보기로 결심했습니다. 인스턴트식품들이 나쁘다면 왜 나쁜지, 꼭 먹어야 한다면 슬기롭게 먹는 방법은 무엇인지에서부터 아이들의 건강은 물론, 입맛까지 챙겨 줄 수 있는 좋은 먹거리와 바른 조리법에 대해 고민하

기 시작한 것이지요. 그리고 그러한 고민의 결과를 독자 여러분과 나누어야겠다는 결심에서 시작하게 된 만화가 바로《요리스타 청》입니다.

저희 부부는 예전에 요리 학원을 잠깐 다닌 적이 있지만 그것만으로는 요리 만화를 그리는 데 부족함이 많았습니다. 이를 극복하기 위해 시중에 나온 요리 관련 서적들을 열심히 본 것은 물론이거니와 평소에 안 먹던 음식들도 열심히 먹어 보았습니다. 여러 전문가들의 도움도 받았지요. 동아사이언스의 과학 전문 기자들과 함께 요리와 관련된 과학 지식들을 익히기도 했고, 요리 학교의 선생님들로부터 조언도 구했습니다. 또한 현장에서 요리를 익히는 학생들의 모습을 놓치지 않기 위해 요리 학교 학생들을 인터뷰하고, 학생들이 실습하는 모습도 스케치했습니다.

《요리스타 청》은 독자 여러분에게 단순히 '음식은 무조건 골고루 먹어야 하고, 불량식품은 절대 먹어선 안 돼!'라고 강요하는 만화가 아닙니다. 우리 주인공 청이의 좌충우돌 흥미진진한 학교생활을 즐기면서 만화에 나오는 멋진 요리들을 감상하다 보면 자신도 모르는 사이에 음식이 왜 소중한지, 우리는 어떤 음식을 어떻게 먹고 살아야 하는지 자연스럽게 깨닫게 될 거예요.

만화가 조재호·은하수

추천의 말

몸과 마음을 예쁘게 성장시켜 주는 책

안녕하세요? 《요리스타 청》의 요리 교실을 맡고 있는 정혜정입니다.

저는 전주에 있는 국제한식조리학교에서 학생들에게 요리를 가르치고 있는 선생님입니다. 《요리스타 청》의 독자 여러분에게도 맛있는 요리 비법을 하나씩 소개해 주려고 해요. 주방장이 될 것도 아닌데 요리를 배워서 뭐하느냐고요? 여러분은 가족이나 친구들과 맛있는 음식을 먹으면 어떤 기분이 드세요? 신나고 행복하지 않나요? 그래요. 맛있는 음식은 사람들을 행복하게 만든답니다. 여러분도 정성이 깃든 맛있는 요리를 통해 주위 사람들을 기쁘게 해주는 건 어떨까요? 요리는 여러분을 인기 있는 멋쟁이로 만들어 줄 수 있어요.

요리에는 또 다른 놀라운 힘이 있어요. 요리를 하다 보면 성장기에 있는 여러분의 두뇌가 쑥쑥 성장한다는 사실, 알고 있나요? 요리를 만들기 위해 밀가루를 반죽하고, 예쁘게 재료를 다듬고, 냄새를 맡는 등의 행위 자체가 여러분의 감성과 집중력, 지성 등을 길러 주는 훈련이 된답니다. 뿐만 아니라 물을 끓이고, 재료를 익히는 등의 과정을 통해 요리에 숨어 있는 물리, 화학, 생물, 의학 등 각종 과학 지식을 자연스럽게 몸에 익힐 수도 있어요. 여러분이 요리를 통해서 과학을 좀 더 쉽고 친근하게 만날 수 있도록 선생님도 노력하겠습니다.

　친구들은 오늘 어떤 음식을 먹었나요? 김치와 된장찌개? 혹은 샌드위치나 피자? 혹시 먹기 싫다고 투정부리지는 않았나요? 어떤 것이든 우리가 먹는 모든 음식에는 인류의 역사가 담겨 있다고 해도 과언이 아니에요. 인류의 조상들이 농사를 짓고 사냥을 하는 등 어렵게 얻은 식재료들을 어떻게 하면 좀 더 맛있고 영양가 있게 먹을 수 있을까 연구하고 고민한 끝에 만들어진 결과물이 오늘날 우리가 먹는 여러 음식들인 거예요. 오늘 저녁에는 밥상에 있는 음식들을 보면서 그 안에 깃들어 있는 우리의 문화와 조상들의 지혜를 느끼려고 한번 노력해 보세요. 평소 아무렇지도 않게 생각하던 음식들이 한결 맛있게 느껴질 거예요.

　여러분이 건강하고 바르게 성장하는 데 가장 중요한 게 무엇일까요? 바로 음식이에요. 그런 의미에서 저는 여러분께 《요리스타 청》을 추천합니다. 이 만화는 단순히 요리와 관련된 지식만을 알려주거나, 불량 식품은 몸에 해로우니 먹지 말라고 훈계하는 그런 만화가 아니에요. 우리가 올바르게 성장하기 위해서는 어떤 음식을 먹어야 하며, 그러한 음식들이 얼마나 소중한 것인지 일깨워 주는 만화랍니다. 만화에 나오는 주인공들처럼 몸도 마음도 예쁘고 멋있게 성장하고 싶다면 《요리스타 청》을 읽어 보세요.

정혜정 (국제한식조리학교 교장)

★ 등장인물 소개 ★

청이

조선 시대 궁궐에서 일하는 생각시. 뜻하지 않은 사고로 인해 현대 세계로 넘어오게 됐다. 요리스타 대회에서 우승하기 위해 이 말녀 여사의 제자가 되기로 결심한다.

특징 : 냄새만 맡아도 재료를 알아맞힐 수 있는 절대 후각

한울

국제조리영재학교 5학년에 재학 중인 꽃미남 학생. 한정식 식당 수라간의 손자답게 요리 실력이 뛰어나고 외모도 범상치 않아 'A클래스'로 통한다. 학교에서는 의젓한 인기남이지만 청이 앞에서는 개구쟁이 도련님으로 돌변한다.

특징 : 잘생긴 외모와 뛰어난 요리 실력

이말녀 여사

한정식 식당 수라간의 주인이자 한울의 할머니. 소시지, 햄, 통조림 등 즉석식품으로 만든 패스트푸드와 정크 푸드를 거부하고 된장, 청국장 등을 이용한 우리나라 음식의 전통을 이어 나가기 위해 애쓰고 있다.

특징 : 식당에서 파리만 날리게 만드는 걸쭉한 욕

피에르 권

인기 레스토랑 울라불라의 주방장. 과거 이말녀 여사의 제자였다. 조선 시대 요리의 비법을 알아내기 위해 청이에게 접근한다.

특징 : 모든 사람을 홀리는 악마의 소스 개발자

韓食

차 례

제1화 **라면을 맛있게 끓이는 비법**.... 12

제2화 **우유 소화시키는 것도 능력?**... 38

제3화 **생크림에 숨은 비밀**............... 64

제4화 **청 vs 가연**...................... 90

제5화 **요리스타 대회에서 1등을 해라!**.. 116

제6화 **두 남자의 치열한 신경전**...... 142

라면을 맛있게 끓이는 비법

라…, 라면에 왜
식초를 넣으세요?

흥.
안 가르쳐 주지,
메롱~.

이제
다 됐군.

저도요!

쿵쿵..

이게 어디서 나는 맛있는 냄새지?

와아

청아, 내 여자친구가 되어 줘.

쿵쿵

지금 뭐 하시는 거죠, 도련님?

제가 그렇게 쉬운 여자처럼 보이나요?

그런데 초콜릿 냄새가 왜 이렇죠? 마늘, 고춧가루, 새우…, 음냐음냐.

할머니 라면

한울이 라면

이 냄새, 도저히 못 참겠군.

꼬르륵

꼬르륵

꼬륵

배고프다…

푸흣, 많이 배고프신가 봐요. 제 것부터 드세요.

그럴까?

우물 우물

맛있구나.

푸흣

그죠, 그죠?

면보다 스프를 먼저 넣어서 할머니 라면보다 뜨겁게 끓였으니까요.

헤헤, 이겼다!

흥, 라면 맛이 거기서 거기지.

내 것도 먹어 봐.

딱 딱

탱글 탱글

후루루 루루루룩

캬아

아니, 어떻게
이런 면을?

꿀꺽

시간이 지나도
퍼지지 않고
쫄깃한 게 신기하군!
면발이 굉장히
부드러워서 먹기 편하고
목 넘김도
자연스러운데?

끄악

후루룩

저…, 정말이네,
내 것보다 면발이
훨씬 탱탱해.

뭘 넣은 거예요,
할머니?

그럴 리가요,
똑같은 라면으로
끓였는데

할머니 면발이
더 좋을 수가
있어요?

그럼 너도
먹어 봐.

음…!

바보.

봤으면서
모르냐?

사과식초

헉,
식초!

라면을
맛있게 끓이는
두 번째 비법.

면을 넣은 후
식초를
반 숟가락(15mg)
넣는다!

척

사과식

식초를 넣으면
면의 탄수화물 조직이
치밀해져 더 쫄깃한 면을
먹을 수 있거든.

식초를 넣으면 면발이 탱탱해지는 이유는?

전분으로 만든 국수 가락을 물에 담가 놓으면 물 분자가 전분을 둘러싸면서 강하게 달라붙는다. 라면을 끓인 뒤 시간이 지나면 국물이 줄어들면서 면이 퉁퉁 불게 되는 것도 이런 이유 때문이다. 그런데 라면을 끓일 때 식초를 조금 넣어 주면 식초의 아세트산이 전분의 구조를 촘촘하게 바꾸면서 물이 비집고 들어갈 틈새를 막아 버린다. 그래서 탱탱한 면발을 오래 유지할 수 있다.

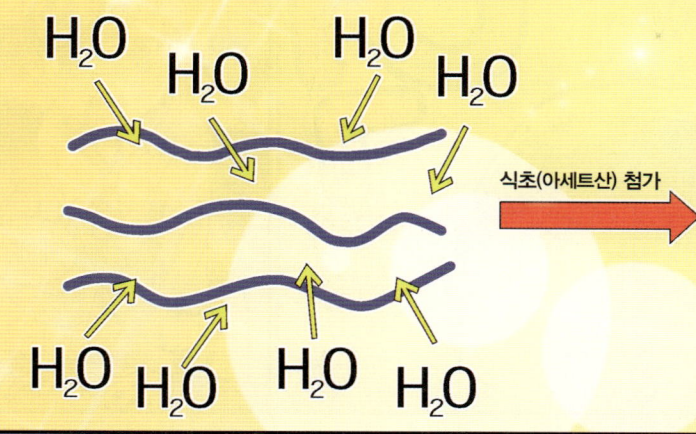

식초(아세트산) 첨가

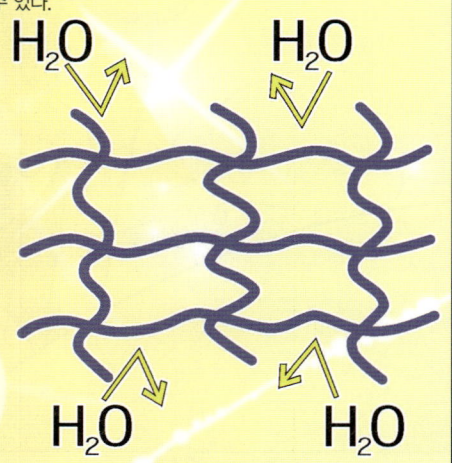

이쁜이 아니지. 계란말이를 할 때도 식초를 넣으면

잘 찢어지지 않게 하면서 골고루 익힐 수 있지.

으으, 분해라. 대단한 식초네.

하지만 잠깐, 할머니!

할머니 라면 국물 맛은 너무 싱거워요.

제 라면은 간이 딱 맞아서 밥 말아 먹기에 좋다고요.

응?

선생님은 왜 할머니 라면만 드세요?

할머니랑 친하시다고 할머니 편만 드시는 거 아니에요?

끄거

억

국물 맛이
싱거운 게,
딱 좋군.

예에?

쓰윽

이 녀석,
조리영재학교까지
다니면서 왜 할머니
라면이 싱거운지
모르는 거냐?

그게 무슨 말씀이세요?
할머니가 일부러 라면을
싱겁게 끓이셨다고요?

라면을
맛있게 끓이는
세 번째 비법!

지금이
몇 시지?

밤늦게 라면을 먹고 자면 아침에 얼굴이 붓는다.

그럼 아침에 학교 갈 때 창피하겠지?

빵

밤 11시요. 벌써 이렇게 됐나?

밤에 라면을 먹으면 아침에 얼굴이 붓는 이유가 뭘까?

그건 우리 몸의 수분대사와 관계가 있다.

나트륨은 우리 몸에서 물의 양을 조절하는 중요한 역할을 하는데, 특히 세포 안으로 물을 끌어당겨 저장하는 데 없어서는 안 될 물질이지.

그런데 라면은 나트륨의 함량이 매우 높은 음식 중 하나다.

잠들기 전에 라면을 먹고 자면 우리 몸은 필요 이상으로 많은 물을 흡수하게 돼.

세포 안에 물이 빵빵하게 가득 차서 몸이 붓는단 말이야.

어머머, 누구세요?

그…, 그럼 밤에 라면을 먹고 싶을 땐 어떡해야 하죠?

풀 썩

2:1

져…, 졌어요, 할머니.

어쩔 수 없이 자기 전에 라면을 먹게 된다면 평소보다 스프를 적게 넣어야지.

물을 충분히 붓거나 우유를 조금 넣어 끓이는 것도 좋고.

미안해, 청아.

내가 지켜주지 못해서….

아니야, 무효야! 이런 게 어디 있어요?

60년 동안 요리만 한 할머니를 제가 어떻게 이겨요?

이 녀석, 약속해 놓고선.

싫어!

으아앙

절대로 기숙사엔 못 보내!

싫어요! 나 청이랑 같이 살 거라고. 100년 동안!

으앙

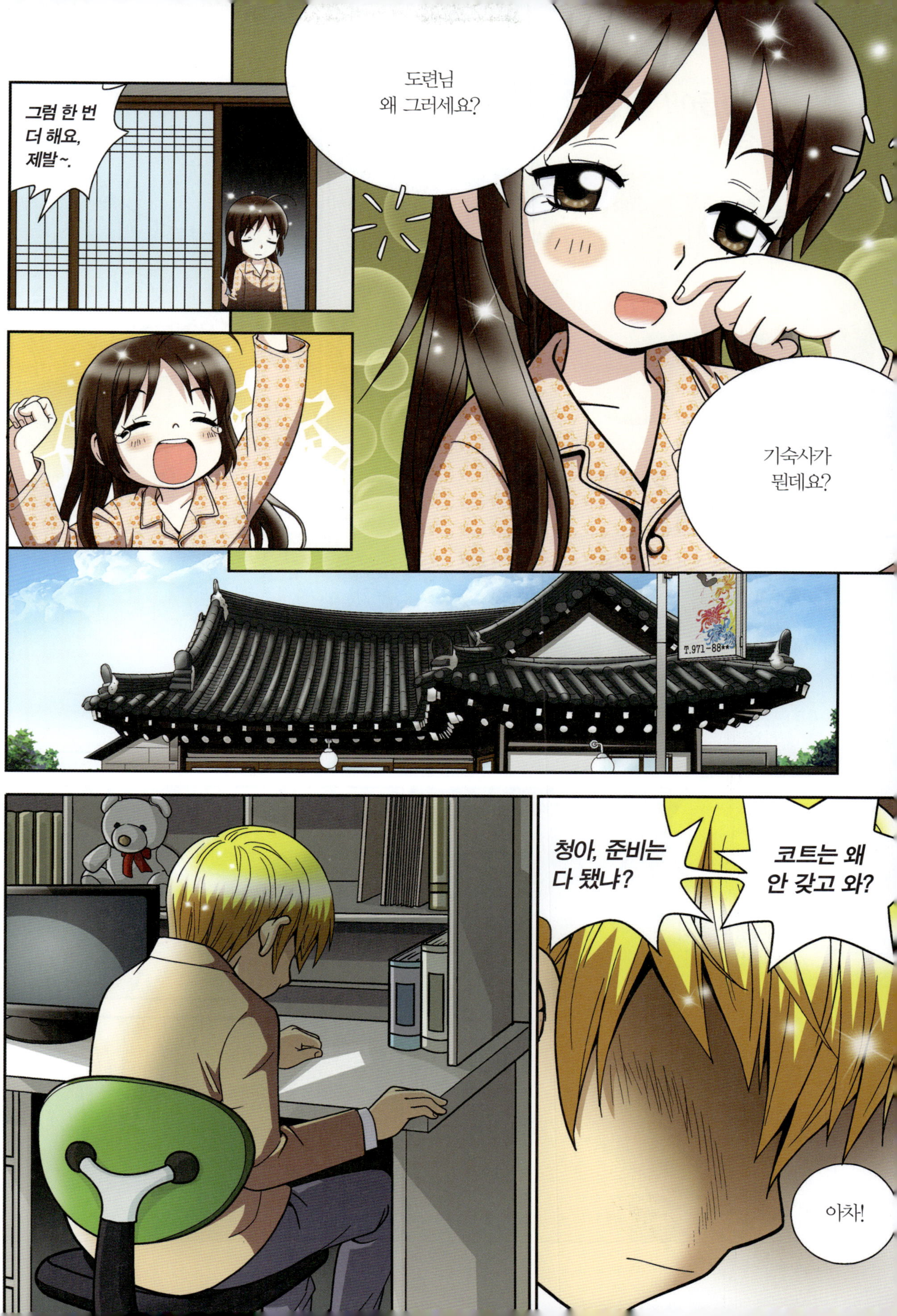
그럼 한 번
더 해요,
제발~.
도련님
왜 그러세요?
기숙사가
뭔데요?
T.971-88**
청아, 준비는
다 됐냐?
코트는 왜
안 갖고 와?
아차!

준비는 이제 끝났지?

한울아! 청이 간다.

한울아!

이 녀석, 학교 가면 또 볼 수 있는데 유난 떨긴…

…

어제는 꿈 속에서 도련님한테 초콜릿을 받았는데….

역시 꿈은 어머니 말씀처럼 반대구나.

*백골난망 : 죽어서 백골이 되어도 잊을 수 없다는 뜻. 남에게 큰 은덕을 입었을 때 고마움의 뜻으로 이르는 말.

안 되겠다. 그냥 가자!

흠흠.

할머니 그동안 잘해 주셔서 고마웠습니다.

이 은혜 백골난망* 이옵니다.

오냐, 가서 잘 지내거라.

어이구, 벌써 와서 기다리고 있었네.

텅

이이…

흠!
흠!

부우웅

조금 미안하군.
하지만 생각시는
생각시답게
키워야지.

다시 궁에
돌아가면
이보다 더
힘든 일이
많을 텐데.

청아.

혹시 이곳에
오기 전에 날
본 적이 있느냐?

아니요. 교장 선생님은
오늘 처음 뵈옵니다.

그렇구나,
나도.

이상하다, 낯설지
않아. 왜 그 사람이
생각나는 거지?

우아! 방은
작지만 깨끗하고
좋네.

네가 있을
방은 이곳이
아니란다. 이리
따라오너라.

예?

으으으, 여기
뭐야? 무서워…

삐걱

삐걱

여기다.

방이 좁으니
우선 짐 정리부터
하고 쉬거라.

쥐도 좀 있는 것 같으니
이번 기회에 잡고.

불만은 없겠지? 정말로 네가 조선 시대 수라간에서 왔다면 지금 너를 돌볼 친척도, 사람도, 집도 없다.

내가 자비를 베풀어 이 학교에 있게 해 주는 것만으로도 고마워해야 한다.

예!

뜨끔

응?

꾸벅

이 은혜, 잊지 않겠사옵니다.

그래, 그럼 내일부터는 다른 아이들 식사 준비도 하도록 해라.

식사가 끝난 뒤에는 설거지도 하고.

콰앙

툭

…

아니야,
난 괜찮아.

아무 걱정하지 마.

한울아,
밥 먹어라~.

청이도!

청이는 지금 뭐 하고
있을까?

아차, 청이는
기숙사로 갔지.
내가 노망이
들었나?

눈치

눈치

주르륵

주르륵

청~산♪♫

앗,
쥐다!

찍
찍.

미안, 오늘부터
여긴 내 방이란다~.

뻥

뻥

청산리~♪♫
벽계수야~♪♫

빼꼼.

저기….

꼬
옥

응, 누구야?

청소 다 했니?

부꼬 부꼬

어서 와, 윤주야.
내가 여기 있는지
어떻게 알았니?

창밖으로
오는 걸 봤어.

나도 집이
멀어서
기숙사에서
지내거든.

어머,
잘 됐다. 우리
더 친하게
지내자.

짝 짝 짝

청소해서
배고플 것
같아서…,
이거 먹어.

아이, 맛있겠다.
내가 가장 좋아하는
빵이네.

어, 그런데
이건 뭐야?

우유…

치
··알
련서

아무리 우유가 맛있다고 한들 어미가 자식에게 주는 젖을 빼앗아서 먹는 건 사람이 할 짓이 아니라고!

선왕님께서도 신하의 항소를 받아들여 우유를 생산하는 관청인 '유우소'를 폐지하셨어.

그래서 조선 시대 내내 우유는 왕가에서 보양식으로만 제한적으로 사용하는 귀한 음식이 됐지.

푸흣.

웃지 마, 얘. 나 진짜 화난 거거든!

풋♬

깔깔깔, 아이 웃겨. 방금 전엔 정말 조선 시대에서 온 아이 같았어.

그래서 난 네가 하는 이야기가 정말 재밌어.

걱정 마. 송아지가 먹을 우유를 빼앗아 온 건 아니니까.

젖소에서 나오는 우유는 송아지가 먹고도 많이 남아.

젖소?

콕 콕

짠

아니, 이 소는 왜 몸에 얼룩이 있다니?

1960년대에 외국에서 들여 온 홀스타인종이야.

젖소는 일반 소에 비해 젖을 아주 많이 생산하고 유지방 비율이 높아서 우유 맛이 좋아.

그리고 네가 말한 소는 옛날에는 농사를 도왔고 요즘에는 식용으로만 쓰는 한우를 말하는 거야.

에거, 그럼 내가 실수한 거네. 미안해, 윤주야.

그런데 너는 소에 대해서 어찌 그리 잘 알아?

우리 집이 시골에서 목장을 하거든.

우아~! 그럼 우유 많이 먹겠다.

으…응.

아니, 우리 집도 배달해서 먹는데~♬

헤헤, 고마워, 친구야. 맛있게 먹을게. 아이 고소해라~!

꿀꺽 꿀꺽

휘이잉

그런데, 청아. 내가 너한테 온 이유가 하나 더 있는데….

응, 말해 봐. 뭔데?

너 혹시 밤에 혼자 자기 무서우면 내 방에 와서 자도 돼.

물론 사감 선생님 몰래 와야 해. 걸리면 혼나거든.

전교 1등 언니가 촛불을 켜고 공부하다가 그만….

왜? 난 이 방이 좋은데. 청소하니깐 완전 깨끗해.

빙글

안절 부절

그…, 그게….

꼼지락

꼼지락

몇 년 전에 이 방에서….

크으으윽, 잠깐! 이게 뭐야?

정혜정 선생님의 요리 교실

고소하고 맛있으면서도 몸에 좋은 우유! 서양에서 우유가 들어왔다고 알고 있는 사람이 많지만, 사실 우유는 고려 시대 이전부터 있었던 음식이에요. 우리 선조들은 우유를 넣고 끓인 죽인 '타락죽'을 상류층 가정과 궁중에서 보양식으로 즐겨 먹을 정도였지요. 쌀과 우유를 따뜻하게 끓여서 죽을 만들면 소화가 잘 되고 영양소가 풍부하거든요. 여기에 칼슘과 인, 철분 같은 미네랄이 풍부한 단호박까지 넣으면 금상첨화! 몸이 약한 환자나 성장기 어린이에게 특히 좋은 영양식이랍니다.

단호박 타락죽 만들기

재료 물에 불린 쌀 100g, 단호박 200g, 물 200ml, 우유 200ml, 소금 1티스푼, 설탕 1티스푼

❶ 쌀은 미리 물에 불려 놓고 단호박은 깍둑썰기를 한다.
❷ 쌀과 단호박을 물에 넣고 약한 불에 오랫동안 익힌다.
❸ 다 익었으면 믹서기로 죽이 될 때까지 곱게 갈아준다.
❹ 우유를 넣고 천천히 저으면서 끓인다. 소금과 설탕을 넣어 간을 한다.
❺ 기호에 따라 견과류를 넣어 완성한다.

잠깐!

▶ 우유를 넣었기 때문에 밖에 오래 두면 상할 수 있어요. 되도록 조리한 뒤에 바로 드세요. 단호박은 삶고 나서 껍질을 벗기면 잘 벗겨진답니다. 쌀은 가루로 만들어서 조리해도 좋아요. 단호박 대신 고구마나 감자를 넣고 조리해도 맛있답니다.

원시인도 우유 먹었다?

사람은 언제부터 우유를 먹기 시작했을까요? 놀랍게도 기원전 4000년경에 이미 메소포타미아에서는 우유를 마셨다고 해요. 우유를 짜는 조각과 가축화 된 소뼈가 그 증거이지요. 우리나라에도 고구려의 시조인 주몽이 말의 젖을 먹고 자랐다는 설화가 있어요. 또 《삼국유사》에 '용이 소 먹이는 사람이 되어 왕에게 소 젖을 바쳤다'는 기록이 있는 것으로 보아 삼국시대 때 이미 우유를 먹었다는 것을 알 수 있지요. 하지만 왕이나 귀족 같은 높은 사람들만 조금씩 먹을 수 있는 귀한 음식이었고, 청이가 말한 것처럼 송아지가 먹어야 할 우유를 빼앗아 먹는 터라 소를 허약하게 만들었어요. 우리가 지금 먹는 젖소 우유는 1962년 최초로 우리나라에 들어왔답니다.

제2화

우유 소화시키는 것도 능력?

흥, 나는 언제 나와?

우르르 쾅쾅쾅

아이고 배야~!

앗, 어디 가니? 청아~.

뒷간이 너무 급해서! 미안!

쾅

쿵쾅 쿵쾅

덜컹

덜컹

으아앙~! 나 혼자 이 방에 두고 가지 마, 청아~!

내가 오늘 뭘
잘못 먹은 거지?

큰일 날 뻔했네.

윤주가 기다리겠다.
얼른 가자.

조잘

조잘

너 그 이야기
들었니?

?

새로 들어온 전학생이
다락방에서 지낸대.

뭐~? 걔는
겁도 없나 봐!

!

어머머, 그게
무슨 소리야?
나도 가르쳐 줘!

너 그거 모르니?
다락방 이야기?

옛날에 우리 학교에서 전교 1, 2등을 하던 언니들 이야긴데,

2등 언니가 아무리 열심히 공부해도 도저히 1등 언니를 이길 수가 없었대.

그래서 2등 언니는 1등 언니가 어떻게 공부하는지 항상 궁금해 했지.

부르르

1등 언니를 며칠 동안 가만히 지켜봤대. 우리 기숙사에는 항상 10시면 불이 꺼지잖아.

끼익 끼익

그런데 1등 언니가 몰래 자기 방에서 나와서 기숙사 다락방으로 향하더래.

1등 언니가 다락방에서 뭘 했는데?

촛불을 켜고 몰래 공부한 거지. 전교 1등의 비밀은 친구들이 모두 잘 때 혼자 더 공부하는 거였어.

꼬옥

꼬옥

이건 반칙이야….

밤 10시가 넘으면 우리 학교 학생은 모두 자야 한다고….

1등 언니가 늦게까지 혼자 공부하는 걸 본 2등 언니는 질투가 나서 견딜 수가 없었대.

그렇게 시간이 지나던 어느 날….

여느 때처럼 1등 언니가 늦은 밤 다락방에서 혼자 공부하고 있을 때였어.

2등 언니는 다락방을 열 수 없게 밖에서 문을 잠가 버렸어.

쾅 쾅

쾅 쾅

어머머, 어떡해?

그런데 마침 다음 날부터 방학이라 선생님들도 1등 언니가 집에 간 줄로만 알고 있었던 거야.

아…, 안녕하세요, 가연 선배님.

너희들 그런 소리는 어디서 들었어?

네? 무슨…?

그냥 학교 애들이 다 아는 이야기인데요.

그건 모두 거짓말이야.

그리고 학교에서 그런 유언비어를 퍼뜨리면 어떻게 되는지 알지?

학교 부회장의 권리로 너희들 모두,

벌점 3점씩이다!

으아앙~! 잘못했어요!

선배님, 다신 안 그럴게요!

벌점 3점이면 전 우리 반에서 꼴찌예요.

시끄러워, 조금 있다가 모두 학생부실로 와!

으아 아앙~.

?

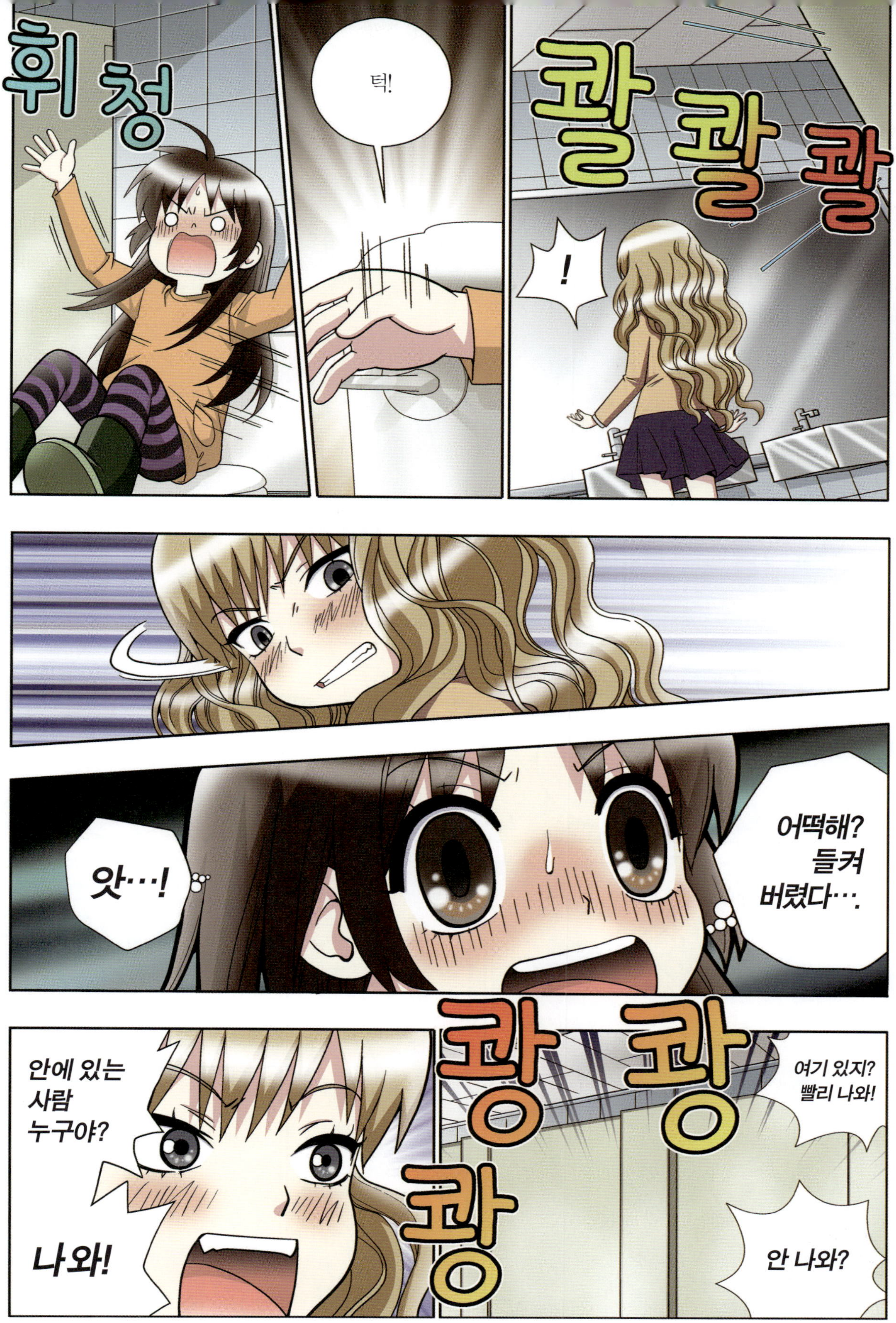

휘청

턱!

콸 콸 콸

!

앗…!

어떡해?
들켜
버렸다….

안에 있는
사람
누구야?

콰 콰
콰

나와!

여기 있지?
빨리 나와!

안 나와?

안녕하세요, 선배님!

가연아, 안녕~!

어….

우르르

왜 그래, 무슨 일이니?

안에 누가 있어?

….

아…, 아니야. 아무것도.

비켜!

팟

어머!

? ? ?

꼬르르륵…. 큰일 날 뻔했다….

핼쑥

어머, 배탈이 심하게 났나 보구나.

난 그것도 모르고 찬 우유를 줬네.

비틀

비틀

아직 안 갔구나.

내가 배탈 난 게 우유 때문이야?

어린이는 배탈이 잘 안 나.

어른이라면 몰라도.

그럼 진작 말해 줬어야지!

그게…, 사람에 따라 다르거든.

요리조리 과학 이야기

키가 크려고 우유를 매일 먹는 친구들이 많죠? 그런데 우유를 잘 소화시키는 사람이 있는 반면, 배탈이 나거나 속이 더부룩해지는 사람도 있어요. 우유에 들어 있는 락토오스를 소화시키는 효소인 락타아제가 부족한 사람이에요.

어린이는 락타아제를 가지고 있는 게 정상이지만, 어른은 반대로 락타아제가 부족한 게 정상이랍니다. 어릴 때는 엄마 젖을 소화시키느라 락타아제가 필요하지만, 엄마 젖을 떼고 난 후에는 더 이상 필요하지 않으니까요. 대신 다른 소화 효소를 많이 만들어 내지요.

특이하게도 예전부터 우유를 즐겨 먹었던 지역에서는 어른이 돼도 락타아제가 줄어들지 않고 몸에서 꾸준히 만들어 내는 특징이 나타나요. 북서유럽, 아프리카 수단, 중동의 요르단, 아프가니스탄 같은 지역에서는 주민의 70~90%나 몸 속에서 락타이제를 만들어 낸대요. 다른 지역에서는 10% 이하인 것에 비하면 매우 높은 비율이지요. 아침저녁으로 우유를 즐겨 마시는 서양의 습관이 한국에 들어온 지도 꽤 됐지만, 아직 한국 사람들의 몸은 우유를 소화시키는 데 충분히 적응되지 않았어요.

↓ 우유를 마실 수 있는 어른의 비율. 파란 쪽은 비율이 낮은 지역이고 빨간 쪽은 높은 지역이다. 대부분은 녹색과 파란색(50% 이하)이다. 북서유럽, 북서아프리카, 중동 지역에 빨간 부분(90% 이상)이 집중돼 있다.

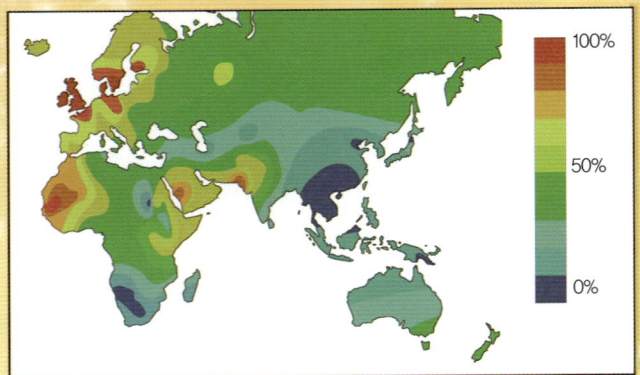

한국의 만화가 조모씨

우리는 괜찮은데?

으앙, 그럼 나한테는 락타아제가 별로 없나 봐. 키가 크려면 우유를 많이 먹어야 하는데 어떡하지.

걱정 마. 꼭 우유를 많이 먹어야 키가 크는 것도 아니고, 칼슘과 단백질을 위해서라면 우유 대신 소화하기 쉬운 치즈나 요구르트를 먹으면 되니까.

아하~.

아차, 그런데 아까 네가 밤에 너희 방에 와서 같이 자자고 했지?

짝

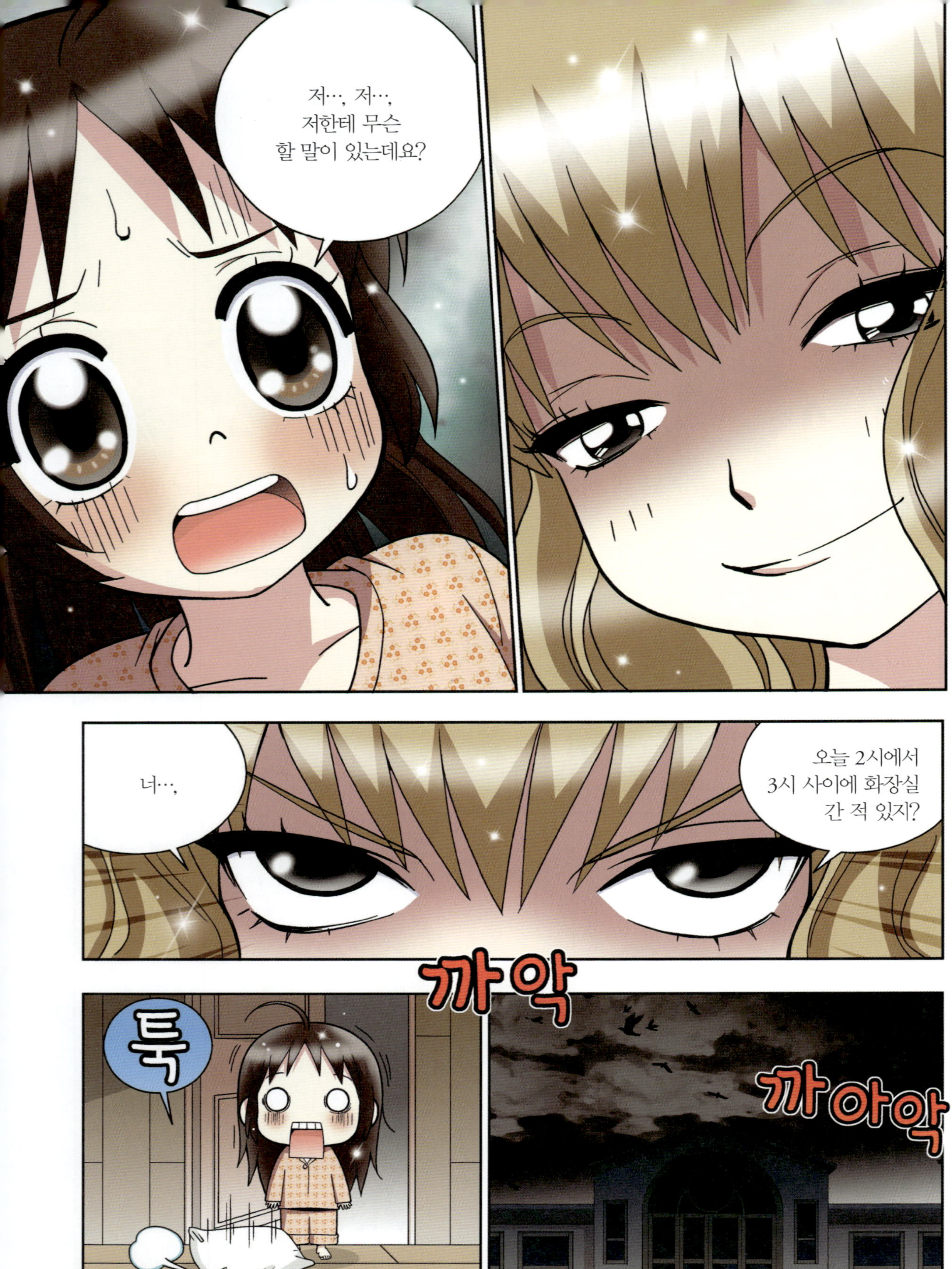
저…, 저…,
저한테 무슨
할 말이 있는데요?
너…,
오늘 2시에서
3시 사이에 화장실
간 적 있지?
까악
톡
까아악

아…, 아뇨. 전 오늘 뒷간에 한 번도 안 갔는데요.

오줌도 안 눴어?

네!

거짓말. 사람이 어떻게 하루 종일 화장실에 안 갈 수 있어.

전 할 수 있어요. 진짜 잘 참는데.

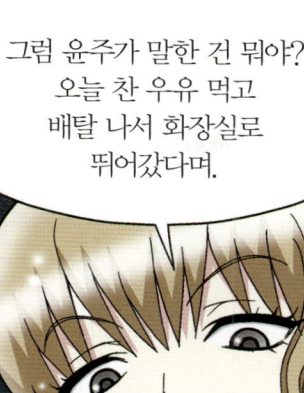

그럼 윤주가 말한 건 뭐야? 오늘 찬 우유 먹고 배탈 나서 화장실로 뛰어갔다며.

예?

뭐가 좋은 이야기라고 자세히도 말했네.

아차차, 하하! 갔었구나.

휙

휙

갑자기 배가 아파서 ○○를 그냥 푸학~, 싸아~.

더러워! 거기까지 이야기할 필요 없어!

그 때 나 봤지?

아이고 난 몰라요. 정신이 없었어요.

우유가 안 맞는 사람은 배가 아프데요. 계속 푸학~, 푸학~, 푸학~.

그만, 그만! 뭐 이렇게 더러운 애가 다 있어.

네가 내 이야기를
들었다면…,

거기
누구지?

이 학교에는
다닐 수 없어.
내가 그렇게
만들 거야!

어머?
가연이네.

이 시간에
청이 방에는
웬일이니?

또각

또각

치이….

휙

죄송해요,
사감 선생님.

신입생이 들어와서
기숙사에서 첫날 밤이라
잠자리를 봐주고
있었어요.

삭 삭

응, 그랬구나.
역시 우리
가연이야.

하지만 기숙사에선 밤 10시 이후에 돌아다니면 안 된단다.

오늘은 특별히 가연이의 후배 사랑이 예뻐서 그냥 넘어가지만 다음 번엔 절대 안 돼.

네. 조심하겠습니다, 선생님.

자~, 그럼 청이는 이제 방에 들어가서 자고.

픽

잘 자~♬

쾅

아차, 청아~. 베개.

호호호~.

헤헤.

너 오늘 운 좋은 줄 알아.

내가 가만 두지 않을 거야…

덜덜덜..

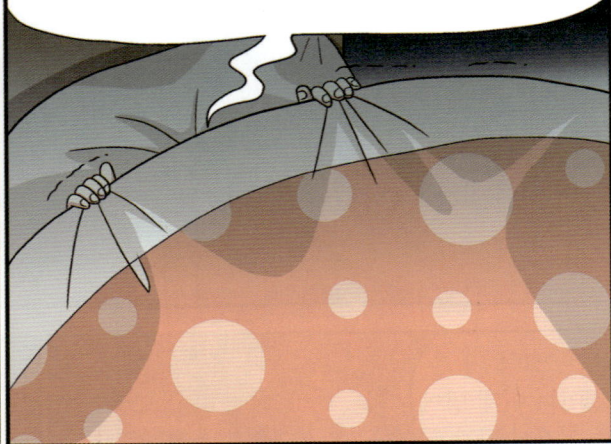

아흐흐흐, 무서워. 나타나지 마세요, 귀신 언니~. 전 조선에서 온 불쌍한 생각시랍니다. 흑흑.

짹 짹 짹

언제 다 하려고 그러니, 빨리 해.

네.

청아.

네.

네?

한울
도련님!

이
목소리는?

밤새
안녕하셨는지요?

꾸벅

네가 왜 여기서
설거지를 해?

누가
시켰어?

설마 또 교장 선생님이야?
기숙사에서도 가장 낡은
다락방으로 배정해 줬다는
이야기를 들었는데

가만 있어 봐.
이건 너무 하잖아.
내가 가서
따져 볼게.

확

자…, 잠깐
참으세요,
도련님.

저 하나도 힘들지
않아요. 항상 하던
일인걸요.

수라간에서도
설거지는 제
담당이었답니다.

교장 선생님은 집도 절도 없는 저를 보살펴 주시는 고마운 분이랍니다.

뭐라고?

달그락

달그락

좋아, 그럼 비켜 봐.

저 괜찮아요, 도련님. 조선에선….

그럼 조선 시대에 가서 실컷 해.

지금은 좀 쉬고, 수업 받을 준비나 해.

이것도 닦아라…, 히익?

한 번에 좀 가져다 주세요.

다 끝났는데 또 가져오시면 어떡해요?

아…, 아니, 세자마마께서 설거지를…. 이 일을 어쩐다?

오늘 시간표는 챙겼냐?

네, 영어, 수학, 요리실기 1, 요리이론 1….

아~, 그래, 이거다!

네?

네가 매일 설거지를 안 할 수 있는 방법!

이게 뭐예요?

우리 학교에서 해마다 열리는 요리 경연 대회야.

이 대회에서 3등 안에만 들면….

너도 A클래스 멤버가 될 수 있어.

A클래스가 뭔지 알지? 우리 학교에서 최고의 학생 클럽이야.

A클래스 멤버가 되면 교장 선생님도 너한테 함부로 설거지를 시키지 못할 거야.

A클래스의 명예가 있거든.

제…, 제가 할 수 있을까요?

당연하지, 넌 완전 개코잖아.

멍멍!

개코라뇨!

그런데 아…, 아이스크림이 뭐예요?

그러니까 아이스크림이 뭐냐면…, 음…, 초콜릿보다 더 달콤한 건데…,

에이~, 거짓말! 그런 게 어딨어요.

있다니까.

멍.

몰라?

어때?

헤에에에에에에에~♡

할짝

할짝

하늘나라에서
선녀님들이

내 입속에다가
눈꽃송이를
뿌려 주시는 것
같당~♡

BR robers

한 입
베어 물면
차가운
덩어리가
입에서 사르르
녹으면서

으아앙

으아아~,
다 먹었당.
도련님,
하나만 더 사
주세용!

시원하고
달콤하고
부드러운 게
정말 맛있어~!

어떻게 만드는지 궁금하지 않니?

궁금해요, 완전 궁금, 궁금. 뭐든지 알려 주세요~.

우리 어머니께 꼭 해 드릴 거예요!

요리조리 과학 이야기

물 반, 공기 반, 살짝 들어간 유지방이 포인트!
-달콤한 아이스크림 만드는 비법

입안에 한 숟가락만 넣어도 온몸에 단맛이 퍼지는 맛있는 아이스크림은 어떻게 만드는 걸까? 비결은 유지방과 당분, 물과 공기를 적절한 비율로 섞는 것이다. 특히 우유에 있는 지방 성분인 유지방의 비율에 따라 아이스크림 맛이 천차만별로 달라지는데, 아이스크림 전문점에서 파는 고가의 '프리미엄' 아이스크림은 유지방 함량이 12%가 넘는다. 슈퍼마켓에서 파는 '컵에 담긴 아이스크림'은 대부분 유지방 함량이 10~12%인 '레귤러' 아이스크림이다. 유지방 함량이 5~7% 정도면 '젤라토'로 분류한다. 유지방이 전혀 들어 있지 않으면 '빙과류'라고 부른다.

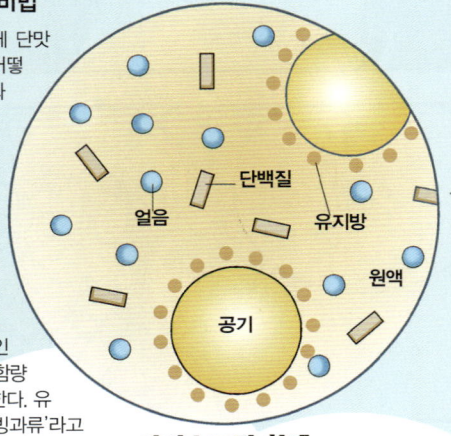

아이스크림 확대

아이스크림은 물과 우유에 공기를 골고루 잘 섞어 넣어야 부드러워진다. 가만히 두면 도망가 버리는 공기를 잡기 위해 급속 냉각 장치를 이용하는데, 우유 거품 안에 들어있는 공기가 달아나기 전에 통째로 얼려 버린다. 일반 가정의 냉동고는 영하 18℃~영하 15℃ 정도라 아이스크림이 천천히 얼면서 공기가 다 빠져 버린다. 반면에 공장에서 사용하는 급속 냉각 장치는 영하 40℃에서 순식간에 냉동시켜 아이스크림 부피의 최대 60%까지 공기를 넣을 수 있다.

으으…, 조금 어렵긴 한데…

저 배울 거예요. 그리고 나갈 거예요. 조리 경연 대회.

좋아, 그 자신감. 청이답다.

그런데 학교 조리 경연 대회는 선배랑 한 조가 되어야 참가할 수 있어.

앗, 그럼 도련님하고 제가 한 조가 되어서 나가요?

미안.

난 이미 오후에 투표로 같이 나갈 후배가 결정됐어.

끼익

어, 왔어?

청이야, 왔다. 네 파트너.

우리 학교 최고의 아이스크림 요리사.

안녕~♡ 반가워, 청아.

우리 잘해 보자~.

하필 가…; 가연 선배랑 같은 조!

꼬르륵

정혜정 선생님의 요리 교실

한식에는 달콤한 아이스크림이 없다고 아쉬워하는 친구들 있나요? 밀가루 과자인 쿠키보다 더 고소한 쌀과자가 있듯, 우리나라에선 옛부터 우유 대신 홍시로 맛있는 아이스크림을 만들어 먹었답니다. 늦가을에 수확한 홍시를 얼려 두었다가 꺼내서 꿀과 견과류를 넣고 함께 먹으면 금상첨화! 아이스크림은 생각도 안 날 정도로 달콤하지요. 《동의보감》에 따르면 홍시는 심장과 폐를 튼튼하게 하고 소화를 도와준다고 해요. 맛있는 홍시도 먹고 건강도 좋아지고, 일석이조 간식을 함께 만들어 볼까요?

홍시 스무디 만들기

재료 홍시 1개, 우유 200㎖, 꿀 1스푼, 견과류 조금

❶ 냉장고에서 얼린 홍시를 꺼내어 껍질을 벗겨둔다.
❷ 홍시를 적당한 크기로 자르고 우유와 섞는다.
❸ 믹서기에 홍시와 우유, 꿀을 넣고 덩어리가 생기지 않도록 잘 갈아 준다.
❹ 먹을 만큼 덜어 준다.
❺ 견과류를 곁들이면 달콤한 홍시 스무디 완성!

잠깐!

▶ 홍시 껍질을 벗길 때는 뜨거운 물에 쓱쓱 문질러 주면 쉽게 벗겨져요. 홍시 꼭지와 연결된 하얀 부분은 제거하고 드세요. 홍시만 먹어도 맛있지만 우유를 넣으면 부드러운 스무디를 만들 수 있어요. 요구르트를 넣어도 좋답니다.

홍시 먹으면 변비 걸린다?

감의 꼭지 주변에는 떫은 맛을 내는 타닌 성분이 들어있어요. 타닌은 물을 빨아들이는 성질이 강해 많이 먹으면 변비에 걸리기 쉬워요. 그래서 단감이나 홍시를 먹을 때는 꼭지 아래 하얀 부분을 제거하고 먹는 게 좋지요. 하지만 곶감은 건조하는 과정에서 타닌이 활성을 잃어 변비를 일으키지 않는답니다. 변비 있는 친구도 곶감은 걱정 말고 드세요~!

홍시는 떫은 감으로 만든다?

감은 지역별로 다양한 품종이 있지만 크게 단감과 떫은 감으로 나눌 수 있어요. 열매 그대로 먹어도 단맛이 나는 감은 단감이라고 부르고, 홍시나 곶감으로 만들어야 먹을 수 있는 감은 떫은 감이라고 불러요. 일본에서 전해 온 단감과 달리 떫은 감은 옛부터 우리 땅에서 자생했어요. 청도 반시, 상주 둥시 등 지역마다 다른 품종이 자리 잡고 있어 전국적으로 200여 종이 넘는 감이 있답니다.

제3화

생크림에 숨은 비밀

청아, 왜 그러니?

아이고~, 도련님. 꼭 선배와 한 조를 해야 요리 대회에 나갈 수 있는 건가요? 전 혼자서도 잘할 수 있는데….

그건 학교에서 정한 룰이라 우리가 어찌할 수 없어.

그리고 네가 가연이 실력을 몰라서 그래.

가연이만 있어도 최소한 입상은 보장될 정도야. 왜, 가연이 싫어?

으앙~! 말할 수도 없고….

안절 부절

어머머, 저 표정 봐~. 완전히 울상이네.

날 무서워하는 아이들을 볼 때가 가장 즐겁다니깐.

친구 따위는 필요 없어. 귀찮기만 하지….

모두 내 밑에 두고 부려먹는 게 편해.

어머, 뒷머리 댕기 땋았네. 귀엽다.

아…, 안녕하세요….

다들 벌써 모여서 요리 경연 준비하고 있니?

아니, 청이한테 아이스크림을 사 줬어.

너도 하나 먹을래?

아니, 앞으로 많이 먹을 텐데 뭘.

난 딸기 생크림 케이크 먹을래.

생크림?

한 개는 네 거야. 먹어 봐.

내가 왜 케이크를 사 줬는지 아니? 모르지?

?

아이스크림의 맛을 결정하는 여러 요인 중에

가장 기본이 되는 게 바로 우유, 특히 생크림의 품질이야.

이 집 생크림은 아주 유명하니까 맛을 잘 음미해 봐.

오~, 역시 가연인데. 우리도 긴장해야겠다.

네~, 선배님.

아아~,
부드럽고 달콤한
이 생크림 맛.

느껴 봐, 청아. 우유로
만든 바다 위에 떠 있는
기분이 느껴지지 않니?

어? 이건 우유가
아닌데요?

뭐라고?

여기에 우유는
한 방울도 들어가지
않았다고요.

풋, 너 생크림에
들어 있는
우유 맛도 모르는
풋내기로구나.

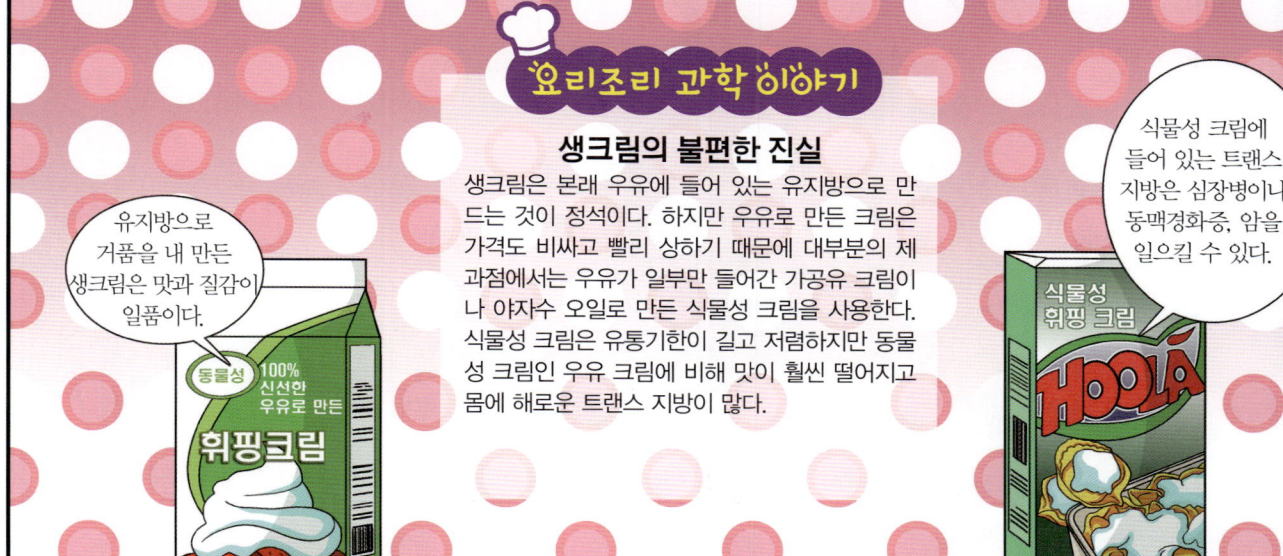

요리조리 과학 이야기

생크림의 불편한 진실

생크림은 본래 우유에 들어 있는 유지방으로 만
드는 것이 정석이다. 하지만 우유로 만든 크림은
가격도 비싸고 빨리 상하기 때문에 대부분의 제
과점에서는 우유가 일부만 들어간 가공유 크림이
나 야자수 오일로 만든 식물성 크림을 사용한다.
식물성 크림은 유통기한이 길고 저렴하지만 동물
성 크림인 우유 크림에 비해 맛이 훨씬 떨어지고
몸에 해로운 트랜스 지방이 많다.

유지방으로
거품을 내 만든
생크림은 맛과 질감이
일품이다.

식물성 크림에
들어 있는 트랜스
지방은 심장병이나
동맥경화증, 암을
일으킬 수 있다.

동물성 100%
신선한
우유로 만든
휘핑크림

식물성
휘핑 크림
HOOLA

그렇지 않사옵니다.
이 크림에선 정체 모를
열매 맛이 나옵니다.

제 입과 코는
거짓말을 하지 않사옵니다.

너 내가 그렇게
우습게 보이니?

내가 100% 우유로 만든
크림과 식물성 크림도 구별
못 할 정도로 보여?

어어, 왜 그러니.
같은 조끼리.

물어보면
되잖아.

매니저 누나!

여기 생크림
성분이
뭐죠?

네?

그게…

저희는 100% 우유
크림으로 만듭니다.
그래서 케이크가
좀 비싸죠.

그래요?

네가 틀렸네. 가연이한테 사과해.

그…, 그럴 리가 없는데요….

원숭이도 나무에서 떨어지는 법이야.

아야!

어서~.

히이잉….

아니, 청이 말이 맞아. 이건 진짜 우유 크림이 아니야.

뭐라고?

우리 엄마, 아빠가 계신 덴마크에서는 이런 식물성 크림은 생크림이라고 부르지도 않아.

우유가 흔한 데다가, 식물성 기름에 들어 있는 트랜스지방은 혈관에 좋지 않다는 연구 결과도 있거든.

아, 저기…. 손님 죄송합니다. 제가 다시 확인해 보니까

오늘 유지방 배달이 안 와서 주방장이 식물성 크림을 써서 만들었다는군요.

곽

모두 환불해 드리겠습니다.

필요 없어요!

탁

앗, 가연아. 어디 가니? 잠깐만!

콰

또각

또각

푸훗, 풋.

응?

한울이 동생이 좀 나대는 것 같더니, 이제 피곤해지겠군.

우리 청이가 뭘 잘못했는데? 그냥 느낀 대로 말한 것뿐이야.

쯔쯔, 여자애들을 그렇게 몰라서 어떡하니?

옳고 그른 건 중요하지 않아.

튀어나온 못이 정을 맞는 법이지.

뭐야, 이 어려운 말은?

★ ★ 요리스타 COOK ★ ★
제15회 국제 영재 학교 조리 경연 대회

국제조리

안녕하세요, 선배님~!

응, 안녕~♬

안녕, 얘들아~!

어?

휙

휙

안녕,
동무들아~.

우리 같이
밥 먹자.

나 다
먹었어.

그만 먹을래.

나도.

살금

살금

윤주야, 나 왔어~.

똑 똑

똑

문 열어 줘.

...

...

나 청이라니까~.
설마 벌써
잠든 거
아니지?

똑
똑

에취 에취

히잉~.
정말
잠들었나 봐.

아이
추워….

저기…

앗,
안 잤구나?

그럼 나도 따돌림 당해.

너랑 같이
잘 수 없어, 청아.

뭐?

그…, 그게
무슨 말이니?
윤주야.

더는 묻지 말아 줘,
미안해….

딸 칵

자…, 잠깐만
윤주야!

윤주야!

어머니,
어떡하죠?
싸우기 싫어도
싸워야겠죠?

생각시를
화나게 하면
얼마나 무서운지
보여 줘야겠죠?

가연 선배 무섭지 않아!

난 조선 최고의 생각시야!

어흠…

어!

앗, 이 시간에 어인 일이신지요?

안녕하시옵니까? 훈장님.

어흠

어흠

그래.

널 보려고
왔지.

네?
저를요?

응. 이번 조리 경연 주제가
아이스크림이라는데
혹시 너 만들 줄 아니?

그게….

만드는 방법은
들었사옵니다만,
잘 모르겠습니다.

조리 과학실

먼저 준비물은 동물성
유지방으로 만든
생크림이다. 꼭
동물성이어야 한다.

예,
압니다.

그래?

다음은
딸기와 플레인
요구르트.

이것도 우유로
만드는 건데, 설명이
길어지니 다음에
알려 주마.

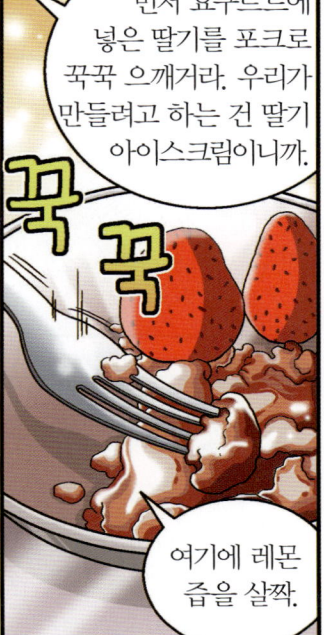

먼저 요구르트에
넣은 딸기를 포크로
꾹꾹 으깨거라. 우리가
만들려고 하는 건 딸기
아이스크림이니까.

꾹
꾹

여기에 레몬
즙을 살짝.

이렇게 딸기를 먼저 손본 다음

아이스크림 만들기에서 가장 중요한 생크림 휘핑을 할 차례.

휘핑이 뭔지는 배웠지?

영어로 '휘핑'(whipping)은 급히 움직인다는 뜻인데,

조리용어로는 유지방을 휘저으며 공기를 불어넣어 거품을 만든다는 뜻이다.

으으…, 온통 오랑캐 말이네.

왜 그러냐?

이렇게 만든 휘핑크림을 조금 전에 으깬 딸기 위에 얹고 냉장고에 넣으면 끝. 쉽지?

우아, 이건 식은 죽 먹기네!

아차, 아차!
가장 중요한
한 가지.

세 시간 뒤에 보면 하얀
성애가 껴서 셔벗처럼 돼
있을거야. 그럼 얼음을
숟가락으로 싹 긁어서 부순 다음
섞어서 다시 넣어 놔야 해.

셔벗도 맛있지만
우린 아이스크림을
만들어야 하잖니.
후훗.

됐다. 이제
기다리면 끝.

아니 왜 날
그렇게
쳐다보니?

신기해서요.
훈장님은 한문을
가르치시는데,

조리도
아주
잘하시네요.

뜨끔

내가 너무
잘했나?

그…, 그건
여기는 조리
영재학교잖아.
조리 실력은
기본으로 갖춰야
선생님이
될 수 있단다.

척

바로
이거란다.

아하~♬

그리고 청아,
내가 널 보려고
온 진짜 이유는

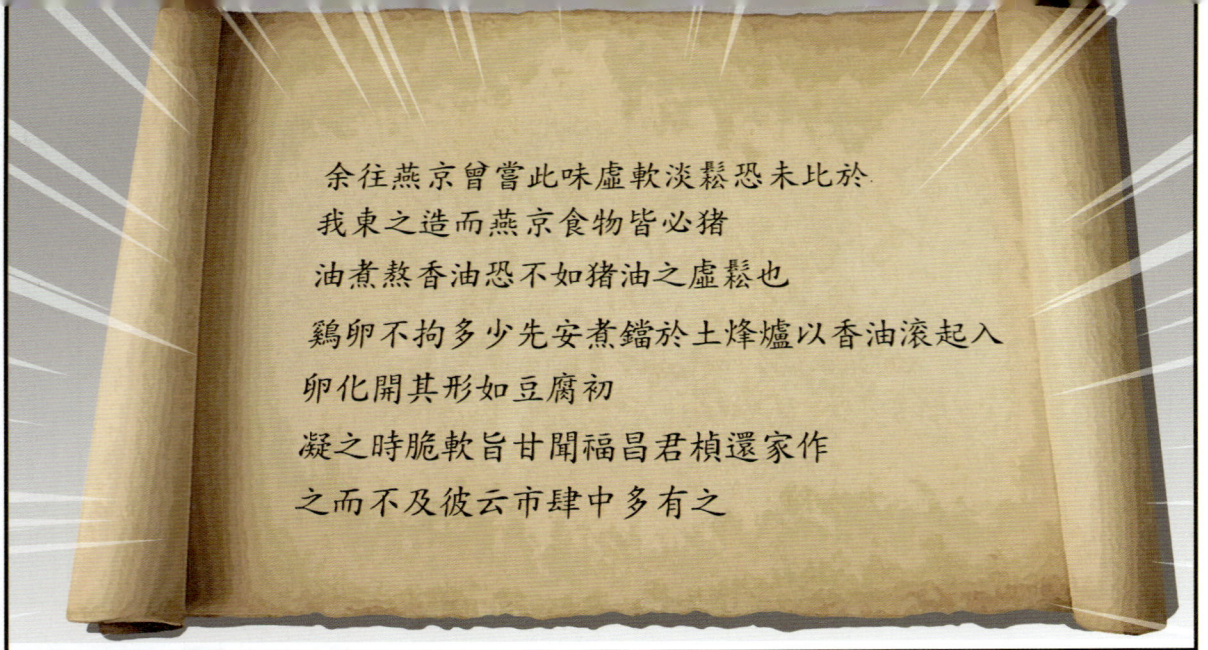

余往燕京曾嘗此味虛軟淡鬆恐未比於
我東之造而燕京食物皆必猪
油煮熬香油恐不如猪油之虛鬆也
鷄卵不拘多少先安煮鐺於土烽爐以香油滾起入
卵化開其形如豆腐初
凝之時脆軟旨甘聞福昌君楨還家作
之而不及彼云市肆中多有之

이 고문서를
해독하기 위해
1년 동안
노력했지만

아직 완전히 해독을
못 했어. 아~,
머리야.

조리서인가요?

어디
제가 한번
볼게요.

음?
계단탕이
군요.

뭐, 계…,
계단탕?
그게 뭐니?

내가 일찍이
연경을 갔을
때 이것을
맛보았다…

오~, 꿀꺽.
뭐지?

그 맛이 가볍고 담백하여 우리나라에서 만든 것에 비하면 거칠거나 거부감이 없었다.

연경 음식은 모두 돼지기름에 지져 익히는데 참기름처럼 거칠지도 않구나.

계란이 많고 적음에 상관없이 철 냄비에 쉽게 요리할 수 있는데,

계란의 형태가 두부처럼 변하여 군을 때까지 익힌다.

뭔가 대단한 요리가 나올 것 같군. 좋아….

처음은 무르지만 끝 맛은 달다. 끝~.

우아~, 그러니까 이게 무슨 요리냐?

제가 해 볼까요?

쌩유!

달걀이…. **여기 있다!**

먼저 달걀을 꺼내고

철 냄비에다가 기름을 두른 다음

따~ㄴ

오~, 잘하네.
계속 해 보렴.

이게 끝입니다.

이…, 일 년 동안
고생하면서
연구했던 요리가

고작
달걀
프라이!

아차차,
소금을 안 뿌렸네.
살짝 뿌리고…

톡 톡

으
아

아

멍청이,
X꾸, 바보,
이 바보!

무정란, 유정란?

수탉과 암탉이 짝짓기해서 수정시킨 알을 유정란이라고 부른다. 유정란은 병아리로 부화할 수 있지만, 짝짓기하지 않고 암탉 혼자서 낳은 알인 무정란은 부화하지 못한다. 유정란과 무정란은 겉으로 봐서는 별다른 차이가 없지만 깨뜨려 보면 쉽게 구별할 수 있다. 바로 '배자(수정체)'의 차이인데, 유정란에서는 노른자 위에 흰색 점처럼 배자가 놓인 것을 볼 수 있는 반면 무정란에서는 배자를 볼 수 없다.

영양성분 차이는 크지 않지만 유정란에 비타민이 조금 더 많이 들어 있고 비린 맛이 적다. 배자는 23.9℃ 이상이면 세포 분열을 시작해 난황(노른자)에 들어 있는 영양성분을 먹고 병아리로 자란다. 체온이 41℃인 암탉이 품고 있으면 21일 만에 병아리로 부화하지만, 암탉이 없는 경우라도 사람이 따뜻하게 품어 주면 부화할 수 있다.

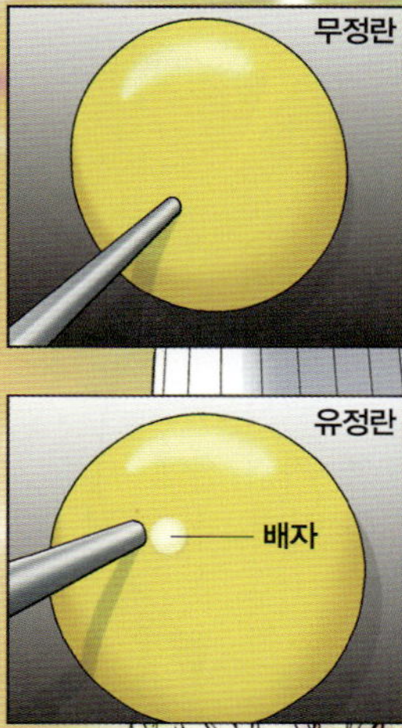

무정란

유정란

배자

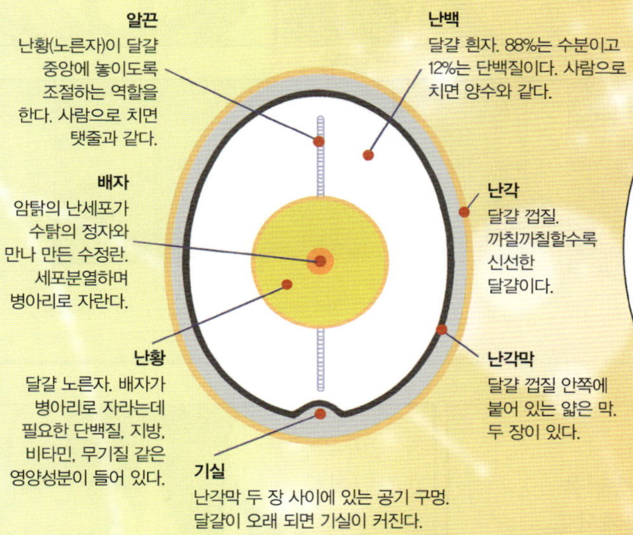

알끈
난황(노른자)이 달걀 중앙에 놓이도록 조절하는 역할을 한다. 사람으로 치면 탯줄과 같다.

배자
암탉의 난세포가 수탉의 정자와 만나 만든 수정란. 세포분열하며 병아리로 자란다.

난황
달걀 노른자. 배자가 병아리로 자라는데 필요한 단백질, 지방, 비타민, 무기질 같은 영양성분이 들어 있다.

난백
달걀 흰자. 88%는 수분이고 12%는 단백질이다. 사람으로 치면 양수와 같다.

난각
달걀 껍질. 까칠까칠할수록 신선한 달걀이다.

난각막
달걀 껍질 안쪽에 붙어 있는 얇은 막. 두 장이 있다.

기실
난각막 두 장 사이에 있는 공기 구멍. 달걀이 오래 되면 기실이 커진다.

계란보다는 달걀! 달걀과 계란은 같은 뜻이에요. 달걀은 순 우리말이고, 계란은 한자에서 온 말이지요. 예전에는 둘 다 표준어로 같이 썼지만, 지금은 국어 순화를 위해 '달걀'로 쓰기를 권장하고 있답니다.

닭이 불쌍하옵니다. 아무리 미천한 생물이라도 어미가 되고 싶은 게 본능일 텐데,

아무리 품어도 자식이 나오지 않는다니요. 지금 사람들은 너무 잔인하군요.

안 그러면 세상에 먹을 게 하나도 없어.

에헴, 난 이제 가야겠다.

예, 훈장님. 오늘 고맙사옵니다.

어려운 일이 있으면 언제든지 이 선생님께 말하렴.

말씀만이라도 고맙사옵니다, 훈장님.

응. 가기 전에 한 마디 더.

어려워하지 말고. 선생님은 언제나 네 편이야!

꾸벅

진짜 간다~, 안녕~!

크하하하! 저 아이만 있으면 내가 가진 옛날 조리서를 모두 해석할 수 있겠군.

그럼 난 스승님을 제치고 한식에서도 최고가 될 수 있을 거야!

참 고마우신 훈장님이시구나.

푸헤헤

조리 대회를 앞두고 과외를 받는 건 반칙이야!

아니, 언제부터 여기 있었죠?

흥, 너만 도둑고양이처럼 숨는 줄 아니.

나도 잘해. 과외 받는 거 다 봤어. 너 잘못하면 퇴학이야.

뭐, 나한테 잘 보이면 눈감아 줄 수도 있지만.

잘 보이고 싶은 마음 전혀 없는데요?

어머머.

오늘 제 동무들까지 꾀여 저를 따돌리니 기분이 좋습니까?

한 번만 더 저를 괴롭히면 선배님이 먼저 서당에서 쫓겨날 줄 아세요.

흥, 그러니까 말하라고.

화장실에서 내 얘기 들었어, 안 들었어.

말해 봐.

정말 듣고 싶으세요?

응.

진짜죠?

그래.

전교 1등 언니 다락방 문을 가연이가 잠궜다~!

고래

고래

자기가 직접 말했다!

어머머머!

정혜정 선생님의 요리 교실

아주 오래 전부터 우리 선조들은 달걀을 이용해 요리를 만들어 먹었어요. 신라 시대 무덤인 천마총에서도 토기에 담긴 달걀을 발견했을 정도지요. 그러나 달걀 요리법은 1670년경의 '음식디미방'과 '주방문'에서야 처음 등장한답니다. 한문 선생님이 힘겹게 구한 옛 문서에서 달걀 프라이가 나온 것처럼, 옛날 요리책에도 '수란'과 같은 쉽게 해 먹을 수 있는 달걀 요리가 적혀 있어요. 달걀은 예나 지금이나 간편하게 요리해 먹을 수 있는 대표적인 영양음식이라고 할 수 있지요. 오늘은 조금 색다른 달걀 요리를 만나볼까요?

속 채운 달걀 만들기

재료 달걀 2개, 샐러리 10g, 맛살 반개, 마요네즈 15g, 잎채소 조금

❶ 달걀은 삶고, 샐러리와 맛살은 곱게 다진다.
❷ 삶은 달걀은 반으로 잘라 노른자를 분리한다.
❸ 노른자를 으깨어 샐러리, 맛살, 마요네즈를 넣고 섞어준다.
❹ 흰자는 속을 깨끗이 닦고 둥근 밑은 잘라서 준비해준다.
❺ 흰자 바닥에 잎채소를 깔고 짤주머니로 노른자를 조금씩 짜 준다.
❻ 속 채운 달걀 완성!

잠깐!

▶ 달걀을 삶을 때 굴려 가며 삶아 주면 노른자가 가운데로 모여 예쁜 모양을 만들 수 있어요. 그리고 달걀을 삶은 즉시 차가운 물에 담그면 노른자와 흰자의 부피가 줄어들면서 껍질 안에 얇은 공간이 생겨요. 그래서 껍질을 벗기기 쉽지요. 달걀 노른자에 감자나 고구마를 섞어도 맛있어요.

신선한 달걀은 까칠하다?

신선한 달걀에서는 큐티클이라는 까칠까칠한 물질이 껍질을 얇게 덮고 있어요. 큐티클은 암탉이 알을 낳을 때 수란관에서 나온 점액이 말라붙은 것인데, 미생물이 달걀 안으로 침입하지 못하도록 막아 주는 보호막 역할을 해요. 하지만 수분이 증발하거나 부딪치면 쉽게 벗겨지기 때문에 신선도를 판단하는 지표가 된답니다.

⬆ 조선 시대에는 이렇게 볏짚을 엮어서 달걀 꾸러미를 만들었지요. 한 꾸러미에는 보통 달걀 10개가 들어간답니다.

달걀도 위아래가 있다!

달걀 껍질에는 눈에 보이지 않는 작은 구멍이 1만 개나 있어요. 구멍은 달걀의 뭉툭한 부분에 주로 몰려 있는데, 여기를 통해 달걀이 숨을 쉰답니다. 그래서 달걀을 놓을 때 뾰족한 부분이 아래로, 뭉툭한 부분이 위로 가도록 놓아야 달걀 안에서 만들어진 탄산가스가 잘 배출돼 신선도가 유지된답니다.

제4화

청 vs 가연

다락방 문은 가연이가 잠궜다!

야!

조용히 못 해?

꽈악

욱 욱

냐름냐름.

어디다 침을 묻히는 거야?

왜 입을 막아요? 말하라면서. 흥!

팍 팍 팍

너 정말 말로 해서는 안 되겠구나.

그럼 어쩔 셈인데요?

이게!

저…, 저런.

흑

이보게, 교장 영감. 세자마마에 대해서 중요한 이야기를 하다가 웬 딴청이야.

학교에서 폭력은 안 돼!

뭐, 아이들끼리 싸울 수도 있는 거지.

이 사람이!

너무 걱정 말게. 청이는 다른 아이들하고 달라.

생각시를 아무나 하는 줄 아나? 궁중 예법을 아는 아이야.

쓰윽

아 아 아

아아아아아아아~!

너, 이거 안 놔?

놓으면 때리려고요?

꼬옥

아아아

다…, 다…, 당연하지.

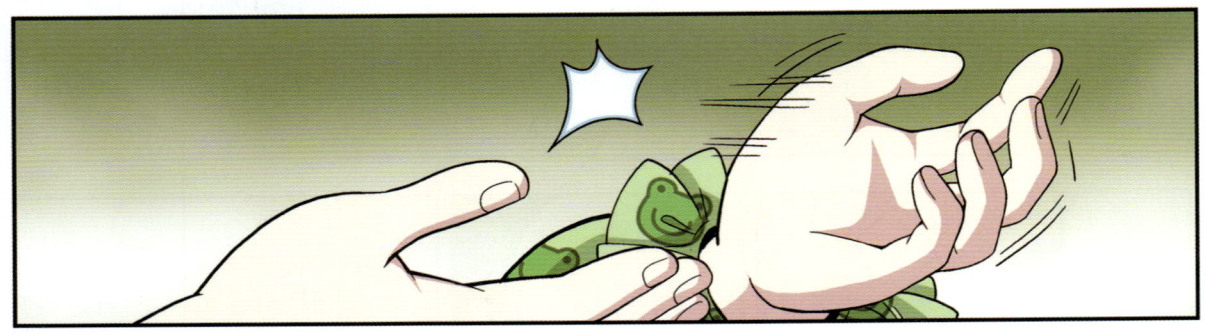

너 가만 안…,

뭐?

파앗

파

떠억

떠억

슈우우

애 도대체 뭐야?

퍽

아버님이 청나라에 사신으로 떠나기 전,

수고가 많다며 임금님께 백 년 묵은 산삼을 받으셨지요.

아버님은 미각을 잃고
허약할 대로 허약해진
어머님께 그 산삼을
주셨어요.

그런데…;

한 입만 더
먹거라.

시져!

시져!
너무 써!

곳감
줄게~.

그런데 어머님은 당신이
드시지 않고 산삼을
저에게 먹이셨어요.
불효막심한 자식이지요.

전 어머님의
미각을 반드시
살려야 합니다.

그러니 방해하지
말아 주세요.

흥, 뻥치시네.
두고 보자.

우리 엄마 아빠가
누군지 모르나 본데….
널 꼭 학교에서
쫓아내고 말 거야.

덜 덜 덜

토요일.

이번
주말에는
기숙사를
대청소
합니다.

기숙사
학생들은
모두
집으로
돌아가
주세요.

조잘 조잘

호호호

어머, 한울 도련님!

빙글 빙글

왜 나와 계세요.

오래 기다리셨어요?

아니, 조금.

그런데 왜 빙글 빙글 도십니까?

헤헤, 나도 몰라. 그냥 좋아서.

뭐는 절까진...

할머님, 그동안 기체후 일향만강하오셨나요.

어렵다…

에헴, 인사는 이제 됐다. 어서 손 씻고 밥이나 먹거라.

네.

너 혼자 다 먹어~.

이걸요?

할머니께서 새벽 4시에 일어나셔서 지금까지 만드신 거야.

어머, 죄송해라!

꼭 꼭

야, 이 우라늄 크레파스 같은 영감아!

믿고 맡겼더니…, 어린 것을 얼마나 눈칫밥을 먹였으면 애가 더 조그만해졌어!

내가 네 말을 들은 게 잘못이지. 앞으로 밥 먹으러 오지 마!

……

냠 냠

맛있니? 물 갖다 줄게.

예, 꿀맛이옵니다~.

청아,
오후에는
영화 보러
갈래?

굉장히
신기할 거야.

어?

뚱

꿈틀 꿈틀

야, 이걸 정말
너 혼자서 다
먹었어?

우욱, 욱. 다
먹으라면서요.

말 시키지 마세요.
힘들어요.

참, 나.
과식했군.

소화제
갖다 줄까?

배 꺼질 때까지
가만히 기다리면
될 걸 뭐 하러 약을
먹습니까?

우리 몸이 소화할 수
있는 양보다 많은
양이 한꺼번에
들어오면

음식물이 밑으로
금방 내려가지
않고 위와 장에서
멈춰 버려.

그럼 배에 가스가
차서 속이
더부룩하고
불편해지지.

습관적으로 소화제를 먹으면 몸에 안 좋을 수도 있지만, 이럴 때 한 번씩 먹으면 속이 편안해져.

그런데 어떤 소화제를 줘야 하나….

소화제에도 종류가 있습니까?

그럼~, 무슨 소화제인지 알고 먹어야 효과가 있지.

요리조리 과학 이야기

밥 먹기 전과 후에 먹는 소화제가 따로 있다?

- 밥을 먹고 난 다음 먹는 소화제에는 소화 효소가 들어있다. 소화 효소는 음식물에 들어 있는 탄수화물, 단백질, 지방을 작은 조각으로 잘게 잘라 우리 몸이 소화할 수 있게 해 준다. 몸의 이상으로 소화 효소가 덜 분비되는 사람이나, 과식을 해서 소화 효소가 음식물을 충분히 소화하지 못하는 경우 소화 효소제를 먹는 것이 도움이 된다.

- 밥을 먹기 전에 먹는 소화제는 위와 장이 활발하게 움직일 수 있도록 도와 주는 약이다. 약이 흡수돼 위나 장에서 효과가 나타나기까지 시간이 걸리기 때문에 밥 먹기 30분 전에 미리 먹어야 한다. 위나 장이 활발하게 움직이면서 소화와 흡수를 빨리하면 음식물이 정체되지 않고 잘 내려간다.

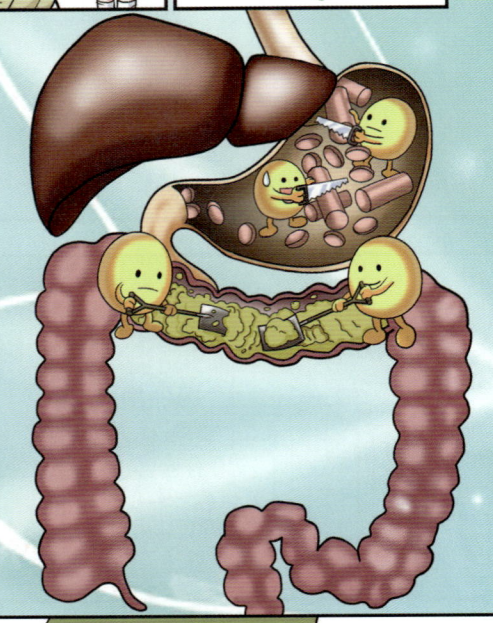

3시간 후.

꺼~억

으악~, 냄새! 저리 가!

헤헤헤~, 소화 끝!

그럼 우리 산책 갈래? 따라와.

예!

콩 콩

뭐?

......

내가 가서 가연이 혼내 줄게!

언제부터 그 녀석한테 괴롭힘 당한 거야? 그런 일이 있으면 바로 말해야지!

이 바보야!

그게…, 도련님께 너무 신세만 지는 것 같아서….

아휴~, 답답해! 그런데 가연이가 왜 널 괴롭혔는데?

부글 부글

그게…, 제가 고의 는 아니지만 몰래 엿들었 거든요.

이러쿵 저러쿵 요로쿵….

푸…, 풋! 뭐라고? 아이고 배야!

푸하하하!

예?

청이는 정말 순진해. 사실은 말이야~.

뭐가 그리 우습나요?
소녀는 심각하옵니다.

하하하~! 전교
1등이 다락방에
갇혀서 죽었다고?

그렇게 말하지는 않았지만
누가 들어도 그렇게
생각할 것입니다.

전교 1등을
한 아이라면
채민이를 말하는 것
같은데….

봉쥬르
(안녕)~!

탁

탁

사실
그 아이는,

작년 겨울 방학에
프랑스 명문 요리 학교
'르 꼬르동 블루'에
합격해서 떠났어.

쿵 100!

네?

갑자기 입학허가서가 나와서 급히 떠났거든. 친구들한테 인사도 못 하고 떠난다고 얼마나 섭섭해 했는데.

나랑 앨버트가 공항까지 마중 나갔다 왔으니까 진짜야.

미…, 믿을 수 없사옵니다.

분명 가연 선배가 다락방 문을 잠궜다고 했어요.

야! 다락방 문이 닫혔으면 전화하면 되지.

휴대폰은 뒀다가 어디 쓰게? 나한테 전화해서 내가 열어 줬어.

네에?

그런데 왜 가연 선배는 아직 모르지요?

그건…;

가연이가 채민이를 너무 싫어해서 일부러 가연이한테는 말 안 했어.

질투가 장난이 아니었거든. 거기다가 세계 최고의 요리 학교에 장학생으로 간다고 어떻게 말하니? 차라리 모르는 게 낫지.

참 나,
어이가 없네.
모두 오해였단
말이야?

아~,
채민이…

보고 싶네.

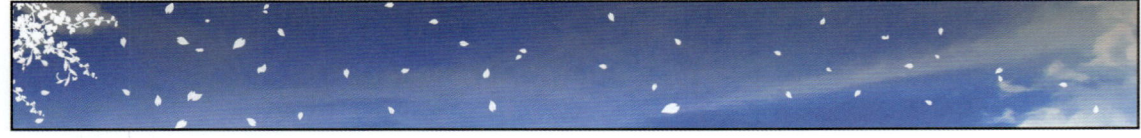

친하셨나 봐요?

응,
조금.

오늘은 이번 조리 대회를 앞두고 하는 마지막 실습이다. 모두들 실전처럼 열심히 하도록!

네.

네!

네!

아니, 넌 왜 혼자 서 있지? 파트너는 어디 있나?

저…, 아직 선배가 안 왔사옵니다.

가연이가 열이 있어서 오늘은 쉬라고 했습니다.

그래요? 어쩔 수 없군요.

으아아앙~!

고래

고래

박 박 박

박박박 박

용서 못 해!

꺄아아악, 너무 너무 화가 나.

이 꼬맹이, 반드시 학교에서 쫓아내고 말 테야!

벌

떡

아~앙, 어지러워.

풀

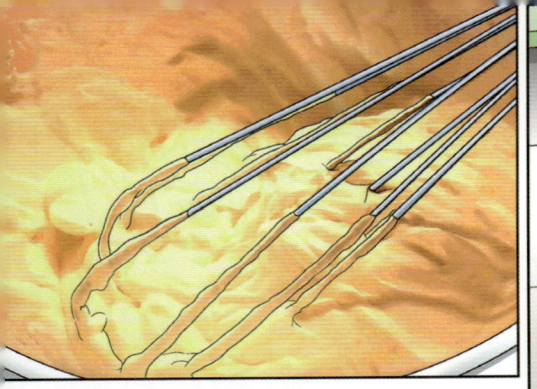

다 됐다~♫

힐끔
힐끔

청아, 미안해….

가연 언니가 너무 무섭단 말이야….

?

휙

안녕~

딩 동 댕

알립니다. 1학년 심청이 학생은 교장실로 와 주세요.

다시 한 번 알립니다. 1학년 심청이 학생은….

어, 좀 전에 여기 계셨는데…?

교장실

뭐, 찾았다고?
어디서?

음!

좋아,
내가 곧 가지!

왔으면 앉거라.

가연이하고
사이가 안 좋은
모양이더구나.

학교에 온 지
얼마나 됐다고
벌써부터
말썽이냐?

아…,
아니옵니다.
저는 다만…

됐고! 너 조선 시대
수라간에서 왔다고
했지?

정말이냐?

끄응~,
해명할 기회라도 주시고
다음 질문을
하셔야죠.

예.

믿지 않으시겠지만요.

후훗, 언제나 당돌하구나.

누가 믿지 않는다고 했느냐?

모두가 그러니까요. 하지만 저는 항상…

휙

ㅇㅇㅇ…, 또 말씀드리는데 무시하시네.

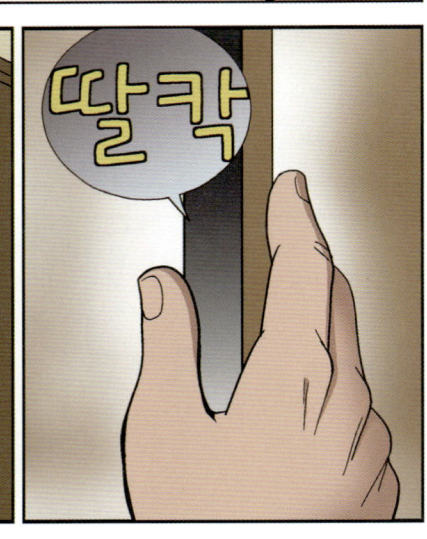

딸칵

나 또한 조선 시대에서 왔다.

농이 지나치시옵니다.

뭐라?

저는 장독을 타고 왔는데 교장 선생님은 그럼 무얼 타고 오셨사옵니까?

독에 다리는 들어가시옵니까?

껄껄껄! 고생 좀 했지.

파 앗

흥!

나는 궁궐을 수비하고 임금님의 신변을 보호하는 내금위의 우두머리 장수!

내금위장 이니라!

흥! 저는 궁궐의 식사를 담당하는 수라간 생각시옵니다.

껄 껄 껄

어라, 아직도 못 믿겠다? 그렇다면,

쓰 윽

주상전하의 명령이다!
수라간 생각시 심청이는 어명을 받으라!
마…, 마패!
슝
타악
죽을 죄를 지었사옵니다.
한 번만 살려 주시옵소서!
어험, 이제야 말이 통하는군.
요즘 어린이들은 어른 말을 너무 안 들어.

10년 전 어느 날,
이름 모를 한 사내가
숨어 들어와

궁에 보관하고 있던 '의궤'의
일부를 훔쳐 달아났다.

의…, 의궤라 하심은
궁중 행사를 하나부터
열까지 소상하게 기록한
장부를 말씀하시는
것입니까?

그렇다.

특히 그 중에서
궁중 요리와
관련된 부분만
사라졌다.

그런데 왜
내금위장께서는
범인을 잡으러

이 먼 미래로
오셨사옵니까?

척

앗,
그것은!

요즘 사람들이
쓰는 조리사용
스카프가
아니옵니까?

의궤가 사라진
뒤 수라간
장독대 옆에 이것이
떨어져 있었다.

청 vs 가연 **113**

정혜정 선생님의 요리 교실

조선 시대에 음식 문화와 조리 기술이 가장 발달한 곳은 궁중이었어요. 전국 각지의 좋은 식재료들과, 고도의 조리 기술을 가진 상궁·숙수들이 모여 있었지요. 그래서 전통 음식에 대한 정보가 가장 잘 보존된 곳도 궁중이랍니다. 오늘날 전통음식을 재현할 수 있는 것도 '의궤'라는 조선 왕실 기록물이 있기에 가능한 일이에요. 어떤 음식으로 잔치를 벌였는지 자세하게 기록돼 있거든요. '의궤'를 바탕으로 궁중 요리를 함께 만들어 보면 좋겠지만, 너무 어려워서 대신 손쉽게 만들 수 있는 꽃전을 준비해 봤어요.

꽃전 만들기

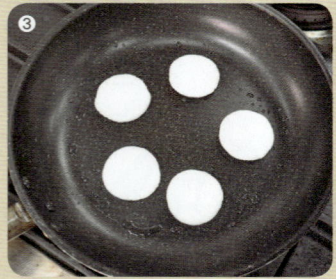

재료 찹쌀 가루 1컵, 따뜻한 물 6티스푼, 소금 조금, 진달래꽃, 제비꽃, 설탕 1/2컵, 물 1컵, 기름 조금.

❶ 찹쌀 가루에 소금을 섞은 다음 따뜻한 물을 붓고 반죽한다.
❷ 먹기 좋은 크기로 떼어 내서 동글납작하게 만든다.
❸ 팬에 기름을 살짝 두르고 전을 익혀 준다.
❹ 전을 다 익혔으면 설탕 시럽을 만든다. 물에 설탕을 넣고 끓인 다음 졸인다.
❺ 설탕 시럽이 완성되면 익혀둔 전을 담고 그 위에 꽃을 올린다.
❻ 달콤하고 영양가도 만점인 꽃전 완성!

잠깐!

▶ 계절에 따라 피는 꽃이 달라지므로 꽃전도 다양하게 만들 수 있어요. 하지만 일부 꽃은 알레르기를 일으킬 수 있고, 오염물질이 묻어 있을 수도 있으니 먹기 위해 키운 꽃을 사용하는 게 안전해요. 설탕 시럽 대신 꿀이나 엿, 조청을 발라 먹어도 맛있답니다. 설탕 시럽을 만들 때는 휘젓지 말아야 해요.

궁중 음식, 문화재로 다시 태어나다

궁중 음식 연구가들은 조선 시대 의궤에 적혀있는 내용을 분석하고 있어요. 의궤는 모두 18개인데, 특히 궁중 잔치를 다룬 《진연의궤》, 《진찬의궤》, 《진작의궤》에 궁중 음식에 대한 정보가 담겨 있지요. 의궤와 더불어 조선 시대 마지막 주방 상궁이었던 한희순 상궁에게서 직접 전수받은 조리 기술이 소중한 전통문화로 전승되고 있어요. 현재 궁중음식연구원 한복려 원장(아래 사진 왼쪽)이 국가무형문화재(조선 왕조 궁중 음식 기능보유자)로 지정돼 있어요. 한복려 원장은 드라마 〈대장금〉에 나오는 요리를 직접 연출하기도 했답니다.

규합총서 보고 '꽃전' 만들자

의궤를 연구해 궁중에서 어떤 음식을 만들어 먹었는지 추측하는 것처럼, 《음식디미방》, 《규합총서》, 《도문대작》 같은 민간 조리서들을 연구하면 궁 밖에서 백성들이 어떤 음식을 먹고 살았는지 알 수 있어요. 1809년 빙허각 이씨가 지은 《규합총서》에는 꽃전에 대한 기록이 남아 있어요. '차가운 물에 반죽하면 빛이 누르고 기름이 많이 드니, 소금물을 끓여 더운 김에 반죽하라'처럼 요리방법에 대한 설명도 있고, '진달래, 장미는 많이 넣어야 좋고 국화는 너무 많이 넣으면 쓰다'와 같은 요리 재료에 대한 설명도 있답니다.

제5화

요리스타 대회에서 1등을 해라!

맞아. 조리사용 스카프다.

그래서 내금위장께선 의궤를 훔쳐간 범인을 잡으러 현대로 오셨군요.

그렇지. 그런데…

지난 10년 간 범인을 잡으러 백방으로 알아봤지만 흔적조차 찾지 못했다.

아!

조선의 수라간과 현대를 연결하는 통로는 분명히 무식한 할멈이 갖고 있는 장독뿐일 텐데 말이야.

무식한 할멈?

상스러운 말 잘하는 할멈 말이다.

이런 우라늄 명란젓 같은 녀석아!

아하~♪ 히히!

먼저 할멈의 제자들부터 한 명씩 조사해 봤지만 조선에 왔다 간 흔적은 없었다. 음식 맛이 전혀 변하지 않았거든. 또 이곳 사람들은 옛 물건을 골동품이라고 하면서 팔던데 의궤는 어디에도 보이지 않았다.

사락

그럼 이제 어떡하옵니까?

그러게 말이다. 이곳은 한 집 걸러 한 집이 음식점이던데…

의궤를 보고 만든 음식을 찾기 위해 일일이 맛을 보고 다닐 수도 없는 노릇이고…

걱정 걱정

그러네요.

그래서!

마지막 방법을 쓰게 됐다.

턱

빠밤

빠밤

Cooking Star
MasterChef

…

이게 무엇이옵니까?

세계 최고의 마스터 쉐프 타이틀을 노린다. 도전자 4000명 중 남은 최후의 2인.

한 방송국에서 1년에 한 번씩 열고 있는 요리 대회다.

아…, 예.

이곳에서 1등을 하면 세상 사람들이 다 알아보지. 완전 유명해지는 거다.

그러니까 다시 한 번 말하겠다.

주상전하의
어명이다!
수라간 생각시
심청이는,

요리스타
월드 대회에 나가
우승하여 요리스타가
되거라!

Winner
Gary Mehigan

예에~?

반드시 1등을
해야 한다. 2등도
안 돼.

범인을 찾을 수
없다면 범인을
부를 수밖에.

분명 조선의
수라간 출신인
네가 우승을 하면
범인은 너를 찾아
올 것이다.

범인이 조리사가
틀림없다면 자신이
만든 음식이

의궤에 적힌 음식 맛을
정확히 살렸는지
궁금해서 너에게 맛보여
주고 싶을 게다.

마…, 맞는 말씀이옵니다만
그보다 제가 어떻게…?

저런 큰 대회에서 우승을 합니까?
전 아직 조리의 기본도 잘 모르는
꼬마 생각이옵니다.

아무리 어명이라도
따를 수 없사옵니다. 차라리
절 죽여 주시옵소서….

똑 똑

들어
오시게.

끼이익

자니?

앗,
할머니!

한번 해 보는 거지.
뭘 망설이냐? 떨어지면
어쩔 수 없고.

임금님이 TV도
없고 신문도 없는데
어떻게 알겠냐?

어허~,
무엄하다!
어디 감히!

이익!
깜짝이야!

조용히 해!
귀청 떨어져!

이제 그만 걱정하고 일어나라. 내가 도와줄 테니.

저…, 정말이시옵니까?

저에게 조리를 가르쳐 주신다고요?

그래, 제자로 받아 주마.

내가 10년 전 덕팔이 놈 이후로 한 명도 제자를 안 받았는데 너의 효심에 감동해서 특별히 받아 주마.

이 은혜 백골난망 이옵니다.

오냐. 호호.

그동안 제자 놈들도 처음엔 다 그렇게 말했지.

좋아~, 그럼 대회는 나가는 거다. 하지만 그 전에,

지금 학교에서 열리는 아이스크림 대회부터 3등 안에 들어야만 요리스타 국내 예선에 나갈 자격이 생긴다.

할머니께 잘 물어봐서 맛있는 아이스크림을 만들도록.

당황

난 그런 거 만들 줄 모르는데.

앗, 잠깐! 아이스크림?

모…, 모른다니, 조선 왕조 궁중 음식 인간문화재가?

참나, 난 한식이 전공이지 어떻게 세상 요리를 다 알아?

호박죽이나 얼음 냉채라면 잘 만들지.

툭

요리스타 월드 대회를 나간다고? 네가?

예. 이유는 설명드릴 수 없지만 꼭 나가야 하옵니다.

그러니 이번 아이스크림 대회가 아주 중요합니다.

불끈

음, 그렇다면 평범한 아이스크림 으로는 안 되겠군.

비장의 무기를 쓸 수밖에. 마침 내가 준비해 왔다.

?

짜 잔

무엇이옵니까?

냄새부터 맡아 봐.

우아~, 달콤하옵니다.

쿵 쿵

바닐라향 향신료야.

향신료?

음식에 독특한 맛과 향을 불어넣어 더 먹고 싶게 만드는 식물 재료를 말하지.

영어로는 스파이스(spice). 우리말로 굳이 번역하자면 양념?

아~! 양념!

여러 가지가 있으니까 골라 봐.

향신료가 이렇게나 많사옵니까?

🧑‍🍳 요리조리 과학 이야기

세계사를 바꾼 향신료

- 음식을 상온에 오래 놔두면 곰팡이나 식중독균이 생기기 쉽다. 냉장 기술이 발달하지 않았던 중세 유럽에서는 고기를 오래 저장하기 위해 소금에 절여 놓았다. 소금에 절인 고기는 질기고 맛이 없었는데, 향신료를 뿌리면 그나마 맛있게 먹을 수 있었다. 중세 유럽인들은 인도에서 생산되는 향신료를 많이 수입했다. 마늘이나 생강, 계피, 후추 같은 향신료는 콜레라균이나 살모넬라균 같은 식중독균을 죽이는 능력도 가지고 있는데, 무척 덥고 습한 날씨를 가진 인도는 음식을 보관하기 위한 향신료 문화가 특히 발달했기 때문이다.

- 1453년 오스만 투르크 제국이 지중해 일대를 점령하면서 유럽의 향신료 무역로를 차단했다. 그러자 후추 가격이 수십 배 올랐다. 유럽 사람들은 새로운 교역료를 찾아 나섰고, 포르투갈의 바스코 다 가마는 아프리카 대륙을 돌아서 인도로 향하는 바닷길을 개척한다. 또한 육두구를 얻기 위해 인도네시아까지 진출했다. 향신료 덕분에 유럽인들은 바다 건너 전 세계로 뻗어나가게 된다.

저기 향신료가 가득한데?

향신료 없으면 음식을 못 먹었다는 게 정말 이옵니까?

뭐니뭐니 해도 당시 음식 맛이 없었거든.

진짜 간단하네. 할 말도 없고.

또 약품으로도 사용했지.

중세 유럽에서는 모든 병이 나쁜 냄새에서 시작된다고 생각했어.

런던에서 콜레라가 유행했을 때,

후추를 태워서 소독을 했대.

효과가 있었는지요?

천만에. 그 정도로는 턱도 없지. 괜히 코만 맵고.

왜?

분명 다른 친구들도 향신료를 쓰지 않겠사옵니까?

아니옵니다. 전 향신료를 사용하지 않겠사옵니다.

그래서 전 안 씁니다. 그리고 또

이미 훈장님께서 말씀해 주시지 않으셨사옵니까.

내가?

그럼 이제 넌 어떤 향신료를 사용하겠니?

계피

민트

카더몬

그러겠지.

원재료가 신선하고 맛있다면 굳이 양념을 많이 하지 않아도 맛있다.

！

너…, 너 이제 보니 천재구나.

어머머, 무슨 그런 말씀을…, 아니옵니다.

내일이 대회이니 전 한 번 더 연습하겠습니다.

하나를 가르쳐 주면 열을 알아 버리다니….

스승님과의 대결도 힘든데 이 녀석까지 실력이 늘면 안 된다.

이제 하나도 안 가르쳐 줄 거야!

또 닥
또 닥

아, 그래도 바닐라향 향신료는 좀 주실래요?

맛이 어떻게 변하는지 알고 싶습니다.

싫어.

미…, 미안하다. 나 갑자기 바쁜 일이 생각나서.

다
다
다

다음 날.

조잘

조잘

시작했다. 아이스크림 대회.

우아~, 누가 우승할까?

당연히 A클래스랑 한 조인 아이지. 특히 앨버트 선배랑 한 조.

응? 이번에 앨버트 선배는 빠졌다고 들었는데.

진짜? 왜?

다른 제과 제빵 대회에 나가려고 준비 중이래.

그렇구나. 그런데 청이는 여전히 혼자야.

알아.

가연이가 여전히 몸이 아파서 못 나왔구나.

파트너 없이 혼자 할 수 있겠어?

예.

혼자서 하면 시간이 많이 모자랄 텐데. 봐주는 건 없다.

예. 그래도 해 보겠습니다.

뭐?
데이트?

이 자식이 지금
뭐라는 거야?
청이에게
작업 중?

청아, 무슨
생각이
필요해?

어서
싫다고 말해!

?

데이트?
그게 무슨
서양 음식
이옵니까?

뭐?

전 아직 먹어 보지 못했는데요.

하하~, 데이트는 음식 이름이 아냐.

그럼요?

데이트는 너하고 나하고,

맛있는 것도 사 먹고, 영화 보고 공원에서 산책하면서 이야기하는 거야.

빵 도련님하고 저하고 단 둘이서만요? 딸랑.

끄덕

응. 난 더블데이트 같은 건 싫어하지.

후웁

떽!

고래

고래

옛부터 남녀칠세 부동석이라고 했거늘,

어디 백주 대낮에 수작질이십니까? 제가 도련님을 잘못 봤군요.

어머?

헤헤헤~, 청이 잘한다.

어디서 수작질이야.

청이는 조선에서 온 진짜 생각시야, 바람둥이 앨버트 녀석.

네가 윙크만 하면 한 번에 넘어오는 여자애들하고는 다르지?

미…, 미안.

기분 나빴다면 사과할게.

휙

아니옵니다, 빵 도련님.

조금 더 생각해 보니 제가 결례를 범했습니다.

도련님 소원이 정 그러시다면…, 지금은 조선 시대가 아니니 제가 맞추는 게 맞지요.

허나 그런 말씀은
모두가 다 보는
이런 곳이 아니라…;

둘만 있을 때
조용히
말씀하시거나,
서신으로
주옵소서.

풋

너 참 웃기는
아이구나?

제가 우습게
보이십니까?

조리 시간에
잡담은
금물이다.
몰라?

그…, 그런
뜻은 아니고,

무슨 말을
못 하겠네~.

콩
콩

죄송
합니다.

향신료는 쓰지 않겠습니다. 그리고 재료는 이것이옵니다.

그런데 어떤 아이스크림을 만들 거야? 향신료와 재료는 정했니?

단호박!

우아~, 어린이들에게 아주 좋은 채소지. 멋진 아이디어인데?

소곤

소곤

응. 알았어.

가연 선배님, 청이는 단호박 아이스크림을 만든다고 합니다.

그래?

어쭈, 제법인데.

잠깐만 기다려.

쓰 —

윽

이건 단호박 아이스크림 레시피네요?

가서 C조 아이들한테 조용히 전해.

똑같이 만들라고.

똑같은 아이스크림을 만들면 창의력 점수에서 0점을 받거든.

이걸로 끝이다. 호호호호홍!

꾹 꾹

안 힘드니? 내가 도와줄까.

아니옵니다. 이제 그릇에 담기만 하면 됩니다.

이거 안 되겠군. 솟아나라, 창의력!

꽉

으라차차~, 그래, 그거야!

째깍

째깍

이제 10분 남았다. 아이스크림을 접시에 담아라.

네!

7분.

5분.

콩 닥

콩 닥

이제 그릇에 담아야 하는데 왜 이렇게 가슴이 떨리지?

청아, 잠깐!

네, 왜요?

아이스크림 이리 줘, 기름에 튀길 거야!
팍
지글
지글
예에~? 제가 지금 잘못 들었지요?
아…, 아이스크림을 기름에 튀기다니요.
지글
빨리! 기름이 더 뜨거워지기 전에 아이스크림에 빵가루를 묻혀서 줘.

아이스크림을 만드는데 웬 뜨거운 기름이야?

어머머, 저게 뭐니?

지글 지글

아니되옵니다, 빵 도련님. 차가운 아이스크림을 뜨거운 기름에 넣다니요.

모두 녹아 버릴 겁니다. 아무리 빵 도련님이라도 이 말은 들을 수가 없어요.

제발 한번만 날 믿고 따라와 줄래?

평범한 조리로는 입상할 수 없어.

이건 조리와 과학의 만남이야!

튀김옷이 열을 막아서 아이스크림이 쉽게 녹지 않아!

과학?

요리조리 과학 이야기

비밀은 이산화탄소 단열층!

튀김옷과 빵가루로 덮은 아이스크림은 뜨거운 기름에 튀겨도 이산화탄소 단열층 덕분에 쉽게 녹지 않는다. 기체가 액체나 고체보다 열을 훨씬 적게 전달하기 때문이다. 시중에 파는 빵가루에는 베이킹파우더, 즉 탄산수소나트륨($NaHCO_3$)이 들어 있어서 열을 받으면 이산화탄소(CO_2)가 생긴다. 이산화탄소가 빵가루 안에 가득 차 부풀어 오르면 뜨거운 기름에서 오는 열이 아이스크림으로 잘 전달되지 않는다. 이산화탄소가 열을 옮기는 비율이 기름에 비해 12분의 1정도로 매우 낮기 때문이다. 뜨거운 사우나에 들어가서 화상을 입지 않는 이유도 이와 비슷하다. 공기가 열을 옮기는 비율이 물에 비해 25분의 1밖에 안되기 때문에 100℃가 넘는 온도에서도 사우나를 즐길 수 있다.

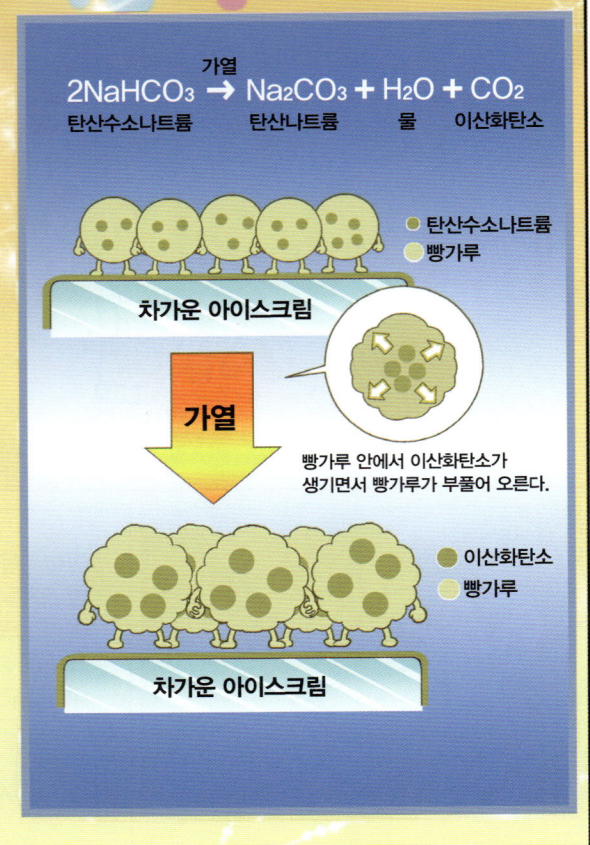

$$2NaHCO_3 \xrightarrow{\text{가열}} Na_2CO_3 + H_2O + CO_2$$

탄산수소나트륨   탄산나트륨   물   이산화탄소

- 탄산수소나트륨
- 빵가루

차가운 아이스크림

가열

빵가루 안에서 이산화탄소가 생기면서 빵가루가 부풀어 오른다.

- 이산화탄소
- 빵가루

차가운 아이스크림

어허~, 시원하다~.

거짓말! 뜨겁지 뭐가 시원해요?

빨리 줘, 청아!

초롱 초롱

아…, 어떡하지?

저렇게 맑은 눈을 가진 분이 거짓말을 하진 않겠지.

좋아, 결심했어.

튀김옷을 꼼꼼히 입혀서 줘야 해!

네!

정혜정 선생님의 요리 교실

우리나라 전통 음식에는 아쉽게도 튀김이 없어요. 튀김 요리는 갓 튀겨내 바삭한 상태에서 먹어야 맛있는데, 우리 선조들은 한 상에 모든 음식을 차려놓고 먹는 문화라 준비시간이 길었거든요. 또 '상물림'이라고 해서 윗사람이 먹고 남은 음식을 아랫사람이 이어서 먹었답니다. 이런 상황에서 튀김을 올려놓았다면 눅눅하고 느끼해져서 못 먹고 버리게 되겠지요. 대신 기름을 적게 사용하는 전이나 나물이 발전했어요. 오늘은 달콤하고 영양이 풍부한 고구마전을 함께 만들어 볼까요?

고구마전 만들기

재료 고구마 1/2개, 부침가루 1/2컵, 물 1/3컵

❶ 고구마와 부침가루, 물을 준비한다.
❷ 고구마를 깨끗이 씻어 껍질을 벗겨 내고 0.5㎝ 두께로 썬다.
❸ 부침가루에 물을 넣고 골고루 섞는다.
❹ 반죽에 고구마를 넣고 앞뒤로 반죽을 묻힌다.
❺ 팬에 기름을 넉넉히 두르고 고구마가 익을 때까지 앞뒤로 노릇노릇 구워 준다.
❻ 맛있는 고구마전 완성!

잠깐!

▶ 껍질 벗긴 고구마를 공기 중에 놓아두면 색깔이 검게 변하는데, 물에 담가 놓으면 색이 변하는 현상을 막을 수 있어요. 고구마가 너무 두꺼우면 익히기 어려우니 얇게 썰어 주세요. 반죽에 설탕을 조금 넣어도 맛있답니다.

바삭한 음식을 좋아하는 건 인간의 본능?

튀김이나 전, 과자 같은 바삭한 음식에 나도 모르게 자꾸 손이 간다면 유전자에 남아 있는 '영장류의 유산'을 의심해 볼 만하다. 최근 미국 신경문화인류학자 존 앨런은 인류가 영장류 시절부터 겉이 딱딱한 곤충이나 아삭한 채소를 좋아하던 습성이 아직도 남아 있다고 주장했다. 또 진화 과정에서 불을 이용해 음식을 구워 먹기 시작하면서 겉이 바삭한 음식을 본능적으로 선호하기 시작했다고 한다. 불에 구운 음식이 소화시키기 쉽고 질병을 덜 일으켰기 때문이다.

韓食

↑ '튀김'은 끓는 기름에 식재료를 담궈 익히는 조리 방법이다. 물보다 끓는점이 높은 기름에 재료를 익히면 짧은 시간에 재료를 익힐 수 있어 영양소가 적게 파괴된다. 가정에서 많이 사용하는 식용유는 끓는점이 240℃로, 보통 150℃~200℃에서 조리한다.

제6화

두 남자의 치열한 신경전

재깍

시간 다 됐다.

조리대에서 물러나!

청이야, 그만. 잘못하면 벌점 받아.

아, 예. 도련님.

재깍

우아~, 멋지다. 모두 예술이야.

맛있겠다~.

한 입만 먹어 봤으면.

초콜릿 웨이퍼*를
얹은 바닐라
아이스크림과
딸기 쿨리*입니다.

한울,
먼저 요리를
설명해 보렴.

* **웨이퍼** : 얇은 두께로
  표면을 덮은 층.
* **쿨리** : 농도가 진한
  소스의 한 종류.

젤라틴은 미리 찬물에 담가 두었습니다. 볼에 라즈베리 퓌레*와 딸기 퓌레, 설탕을 넣고 살짝 데운 뒤,

설탕이 잘 녹게 섞어 주었습니다. 그리고….

설명은 그만!

*퓌레 : 채소나 과일을 체로 거르거나 끓여 농축한 액체.

시~크

아이스크림이 굉장히 부드럽고,

단맛도 적당하구나. 잘 만들었다.

휴~.

만세~!

수고했어, 윤주야.

아녜요. 선배님이 더 수고하셨지요.

어머! 그렇게 웃지 마세요~, 선배님.

가슴이 떨려서 못 보겠단 말이에요.

응?

훅

윤주가 한울 도련님을 많이 좋아하는구나?

뭐?

쿠키와 핫퍼지* 소스를 얹은 초콜릿 칩 쿠키 아이스크림입니다.

아…, 아니옵니다.

너무 달지 않을까?

그럴 줄 알고 설탕은 넣지 않았습니다.

***퍼지** : 설탕, 버터, 초콜렛으로 만든 부드러운 영국풍 캔디.

또각

오, 그래. 확실히 입에 바로 넣었을 때는 너무 단 것 같지만,

씹으면 씹을수록 자연스러운 단맛으로 변해가는구나.

또각

채점 시작했니?

오셨어요, 선배님?

곧 우리 차례예요.

단호박 아이스크림입니다. 저희도 설탕을 거의 넣지 않아서,

건강에 아주 좋은 웰빙 아이스크림입니다.

후훗, 제법 잘 만들었는데?

그럼요~, 누구 레시피인데요.

웰빙이라…

오물
오물

흡!

…

화장지.

예?

퉤

너희들은
몇 학년인데
조리의 기본도
모르나?

에에

웰빙이면 뭐해?
단호박이 익지도
않았잖아!

저…, 저…,
그게…

갑자기 조리할
음식을 바꿔서
시간이 없었어요.

가연 선배가
자기 레시피만
따라하면 무조건
90점 이상 받는다고
했거든요.

가연 선배
책임져요!

휙

다 다 다 다 다

저런 멍청이들,
그게 왜
내 책임이니?

흥, 괜찮아~,
단호박은 이미
선생님께 흥미를
잃은 소재가
됐으니깐.

아름이 조는
0점이다.

으아앙~,
한 번 더
기회를 주세요,
선생님!

이게 뭐냐?

저희 주제는
조리와 과학의
만남입니다.

단호박 아이스크림
튀김이지요.

앗, 뜨거워!

예?

안 돼!

따ㄹ릉

따ㄹ릉

결과는 어떻게 됐나? 음음…, 알겠네.

쫑긋 쫑긋

……:

무슨 일이야? 청이는 어떻게 됐어?

이런…, 떨어졌나 보군. 그럼 앞으로 어떻게 하지?

팟

푸하하하~,
속았지롱~!

청이가
1등을
했다는군.

빠 앙

지금
장난칠 때냐?
내금위장이라는
녀석이!

의궤가
걸려 있는
일이야!

어이쿠!

웅성 웅성

겉은 뜨겁지만,

속은 차갑고
멋진 식감이구나.

으아악!
청이가 1등을
한 건
기쁘지만,

부글

부글

이제 앨버트
녀석하고 매일
조리 연습할 거
아냐?

질투나. 훼방
놓을 거야.
청이한테
가까이 오는
녀석은 누구든
가만 안 둬!

빵 도련님,
그럼 안녕히
계세요.

다음
조리 시간에
뵙겠습니다.

어, 그냥 가면
어떡해?

네?

데이트는
언제
할 거야?

약속은
지켜야지.

찡긋

전화해~.
기다릴게.

주말.

할머니.

할머니, 손님 오셨어요!

팟

우당탕

뭐, 손님이 왔다고? 아이고 이게 얼마만의 손님이냐.

어서 오세요~! 뭘 드릴까요?

커억!

국밥 한 그릇만 주십시오.

예.

덜 덜 덜

아이고
못 하겠다.
한울아 네가
파 좀 썰어라.

손 조심하고.

털썩

예.

그런데 할머니
왜 그러세요?
저 손님이 누군데
그렇게 긴장하세요?

귀신 같이
음식 맛을 아는
사람이야.

우아~,
청이처럼요?
절대 후각이나
절대 미각이
있나 봐요.

아니,
그건 모르겠지만
무서운 사람이야.

?

채널 I
먹거리 S파일
이영돈 PD

씰룩

제가 한 번
먹어 보겠습니다.

먹거리 I 파일

안녕하십니까,
채널 I 프로듀서
이영돈입니다.

두근두근두근두근

오늘은 제가 다른
날보다 녹화를
빨리하길 기다렸습니다.
이유는 바로 여기 놓인
음식 때문인데요.

바로
치킨입니다.

냄새만
맡아도
행복한데요.

그럼 제가 한 번 먹어
보도록 하겠습니다.

아삭

맞아, 생각났어.
그 아저씨구나!

어머머,
마술상자에서
보던
아저씨잖아?

배꼽

제가 한 번 먹어 보도록 하겠습니다.

늘 같은 말만 하시네.

아이고~, 다리도 후들거리네.

제가 가져 가겠습니다.

뜨거우니까 조심해, 청아.

네.

식사 나왔습니다.

제가 한 번…!

응?

국밥 위에 깍두기를 올려 드시면 맛있습니다.

아니, 이런…!

이런 어린아이에게 일을 시키다니.

맛있게 드시어요.

수랏간
서비스 —힘없는 어린아이에게 아주 힘든일 시킴

점수 —○

손녀딸이 연로한 할머니 일을 도와드리는 게 나쁜 일인가요?

앗, 보지 마!

번

짝

히익!

이래도요?

그리고 저는 아주 힘이 세답니다.

거짓말 말거라.

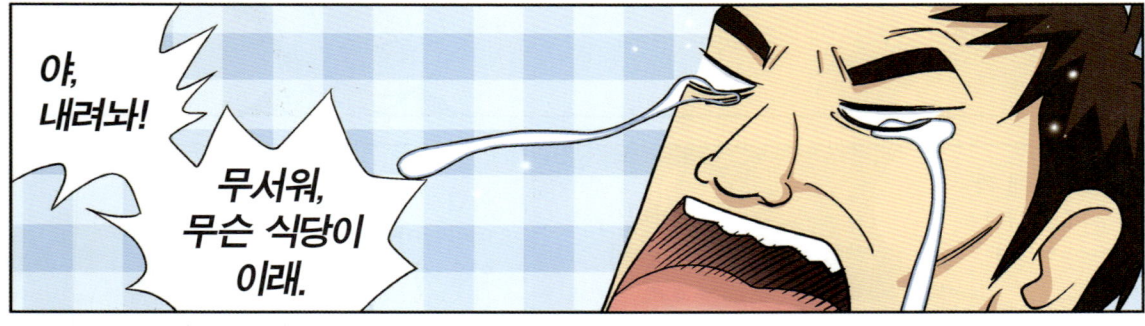

야, 내려놔!

무서워, 무슨 식당이 이래.

저를 안 믿으시는 것 같아서요.

탁

멍~

야, 너 무슨 짓을 한 거야?
아이고, 망했다
제가 뭘요?
프로듀서 생활 30년 동안 이런 가게는 처음 본다. 음식 맛만 없어 봐라.
아삭
붉으락 푸르락
음…?
마…, 맛있다.
아삭아삭한 느낌이 살아 있으면서 신선해.
마늘장아찌도 새콤달콤해!
반찬이 이런 맛이라면,
메인 요리인 소고기 국밥은?
후우~
읍

달그락

아니, 왜 저러는 거야? 밥 먹다 실성을 했나?

히히..

그러게요. 청아, 네가 한번 가 봐.

히히히 히

저기요, 손님. 맛이 없나요?

….

그러면 돌이라도 씹으셨나요?

아니.

그러면요?

싱거우니까 맛있다?
그게 대체 무슨
말인가요?

척

안녕하십니까,
이엉돈 프로듀서
입니다.

잠깐!

우리나라는
'이것'을 전
세계에서 가장
많이 먹는다고
합니다. 이것만
줄이면 수명이
평균 10년은
늘어나고,

건강을 유지하는 데
들어가는 13조 원을
아낄 수 있다고
합니다. 혹시 정답을
아시나요?

척

자…, 잘
모르겠는데요.

그런데 누굴
보고 이야기하시는
거예요?

정답은 바로
'소금'입니다!

소금?

NaCl

드르륵

'세상의 빛과 소금이 되어라'는 격언이 있을 정도로 소금은 우리 몸을 유지하는 데 꼭 필요한 물질입니다.

소금에 들어 있는 나트륨이 몸속에서 각종 신호를 전달하는 데 쓰이기 때문이지요.

척

척

하지만 우리 몸에 꼭 필요한 나트륨도 지나치면 독이 됩니다.

소금의 짠맛에 익숙해 싱거우면 맛이 없다고 느끼는 우리나라 사람들.

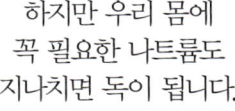

우리나라 사람이 좋아하는 음식에 얼마나 많은 나트륨이 들어 있을까요?

세계 보건 기구에서 권장하는 나트륨 하루 섭취량은 2000mg, 즉 소금 5g에 해당합니다.

반면에 우리 어린이들이 좋아하는 음식에는 얼마나 많은 나트륨이 들어 있는지 알아보지요.

쏘옥

모른다는데 왜 자꾸 물어 보세요.

5g

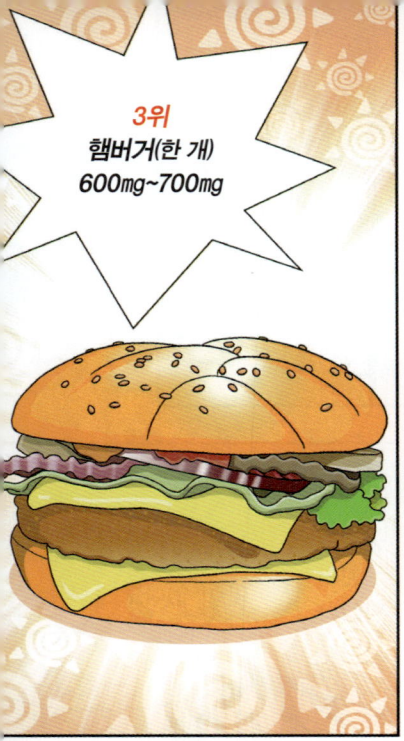

3위
햄버거(한 개)
600mg~700mg

2위
피자(한 조각)
800mg~900mg

1위
라면(한 그릇)
2100mg

어린이들이 좋아하는 음식 속에는 이렇게 많은 나트륨이 들어 있습니다.

나트륨의 위험성은 몇 번을 강조해도 지나치지 않습니다.

 잠깐!

소금 많이 먹으면 심장이 괴롭다?

짠 음식을 자주 먹으면 고혈압에 걸려서 심장에 무리가 가기 쉽다. 몸속에 나트륨이 많아지면 뇌에서는 나트륨 농도를 낮추기 위해 물을 흡수하라는 신호를 온몸으로 보낸다. 몸에서는 갈증을 느껴 물을 마시게 되고, 세포에서는 물을 혈관으로 보내 나트륨 농도를 묽게 만든다. 신장에서는 오줌으로 물이 빠져나가지 못하게 한다. 이렇게 해서 혈액이 늘어나면 심장은 더욱 바빠진다. 온몸으로 혈액을 순환시키기 위해서 심장은 높은 압력으로 혈액을 내뿜어야 한다. 심장이 무리해서 움직이다 보면 피로가 쌓이고, 심장 근육이 약해진다. 그래서 뇌졸중이나 심장마비 같은 큰 위험이 닥칠 수 있다.

세계보건기구(WHO)에서 권장하는 어린이 하루 나트륨 섭취량은 1500~1800mg이다. 식품별로 나트륨이 얼마나 들어있는지는 포장지를 확인하거나 식품의약품안전처 홈페이지에 들어가서 알아볼 수 있다.

비상! 나트륨이 몰려오니 물을 확보해라!"

헉 헉, 혈액이 너무 많아져서 힘들어!

아하~, 그래서 싱거워서 더 좋다고 말씀하신 거군요?

이제 알았니.

스물 스물

그런데 할머님께서는 어떻게 음식을 싱겁게 할 생각을 하셨나요?

샥

자극적인 음식이나 짠 음식만 먹다 보면 원래 맛을 모르거든.

뻣 뻣

좋은 음식은 원재료의 맛을 그대로 느낄 수 있어야 해.

크하~, 명품 소고기 국밥 맛만큼이나 말씀도 잘하시네요.

이거 진짜 텔레비전에 나가나?

부끄 부끄

나 오늘 미용실에도 안 갔는데.

저희가 그래서 결정했습니다.

뭘?

짜~잔

착한가게

받으시죠.

이게 뭔데?

할머니 어서 받으세요. 이거 받으면 우리 가게가 엄청 유명해져요.

유명해져?

정혜정 선생님의 요리 교실

신선한 채소에 양념한 밥을 넣어 주먹밥처럼 만든 음식을 쌈밥이라고 불러요. 쌈밥은 옛날부터 우리 선조들이 즐겨 먹던 음식이지요. 다양한 채소를 먹을 수 있어 건강에도 좋고 고소한 맛을 즐길 수 있어요. 하지만 소금이 많이 들어있는 간장이나 고추장이 쌈밥 안에 잔뜩 들어 있어 나도 모르게 나트륨을 많이 섭취한다는 게 함정이지요. 그래서 국제한식조리학교에서는 간단한 발상의 전환으로 저나트륨 쌈밥을 개발했답니다. 바로 양념장을 밖으로 빼서 소스처럼 찍어먹을 수 있게 하는 것이죠.

저나트륨 쌈밥 만들기

쌈밥재료 밥 140g, 다진 쇠고기 15g, 참기름 2g, 후춧가루와 깨소금 조금, 쌈다시마, 양배추, 케일, 앤다이브, 깻잎, 미나리, 오징어, 근대
저나트륨 양념간장 간장 1/2큰술, 물 2큰술, 홍고추 3g, 청고추 2g
저나트륨 초고추장 고추장 1작은술, 식초 1/4작은술, 설탕 1/4작은술, 사이다 1/4작은술

❶ 다진 쇠고기에 후춧가루와 깨소금, 참기름을 넣고 10분간 재워둔 다음 팬에 볶아준다. 그리고 고슬고슬하게 지은 밥에 섞어 한 입 크기로 주먹밥을 만든다.

❷ 근대는 데쳐서 소금과 다진마늘, 참기름으로 무친다. 미나리와 오징어도 손질해서 살짝 데친다.

❸ 쌈다시마는 소금을 빼고 끓는 물에 파랗게 데쳐서 6cm 폭으로 자른다. 케일과 앤다이브는 씻어서 물기를 빼고 깻잎은 저나트륨 양념간장에 재운다.

❹ 앞서 준비한 주먹밥을 각각의 재료로 말아 싼 다음, 저나트륨 초고추장에 찍어 먹는다.

잠깐!

▶ 쇠고기 대신에 햄이나 참치를 밥에 비벼 먹어도 맛있어요. 깻잎 대신에 호박잎, 상추, 머위잎 같은 야채로 쌈을 만들어 먹어도 좋아요. 저나트륨 쌈밥은 간장이나 고추장 같은 양념장을 밥에 미리 섞지 않고 조금씩 찍어 먹는 게 포인트예요.

간장과 된장,
고추장에도 소금이 잔뜩!

우리나라의 대표적인 3대 양념인 간장과 된장, 고추장은 모두 소금이 상당히 많이 들어가는 발효식품이에요. 간장과 된장은 콩을 쪄서 메주를 만들고 여기에 소금물을 넣은 다음 발효시켜 만들지요. 고추장도 찹쌀에 고춧가루와 메주가루, 소금과 간장을 넣어서 만들어요. 눈에 보이는 소금만 적게 먹는다고 안심했다가는 위험해요. 평소에 내가 자주 먹는 음식과 양념에는 소금이 얼마나 숨어있는지 확인해 보세요.

韓食

채소를 데칠 때는
뚜껑을 열어야 한다?

채소를 물에 넣고 끓이면 채소에 들어 있던 산성을 띠는 유기물이 수증기와 함께 증발돼요. 이때 뚜껑을 닫아 놓으면 산성 성분이 물에 녹아들어 녹색채소를 녹황색으로 변하게 만듭니다. 채소는 선명한 녹색일수록 신선해 보이고 녹황색일수록 시들어 보이지요. 그래서 채소를 데칠 때는 뚜껑을 열어 놓고 데치는 게 좋아요. 팁 하나 더! 물을 너무 적게 넣고 채소를 데쳐도 녹황색으로 변하기 쉽답니다.